Histoire de la découverte des faunes tropicales

Acteurs de la Science

Fondée par Richard Moreau,
professeur honoraire à l'Université de Paris XII
Dirigée par Claude Brezinski et Roger Teyssou

La collection Acteurs de la Science est consacrée à des études sur les acteurs de l'épopée scientifique moderne ; à des inédits et à des réimpressions de mémoires scientifiques anciens ; à des textes consacrés en leur temps à de grands savants par leurs pairs ; à des évaluations sur les découvertes les plus marquantes et la pratique de la Science.

Dernières parutions

Marceau FELDEN, *De Darwin à Einstein, Deux aventuriers du savoir,* 2018.

Auguste MARIE, *La psychanalyse et les nouvelles méthodes d'investigation de l'inconscient*, 2018.

Roger TEYSSOU, *Jérôme Fracastor (1478-1553), De la nature des choses à la nature des germes,* 2017.

Alain GIRET, *Les températures et l'effet de serre. Essai sur l'histoire et l'avenir du climat,* 2017.

Edouard PÉLISSIER, *Ambroise Paré. Chirurgien des soldats et des rois (1510-1590)*, 2017.

Letizia JOUFFROY, *Bach et Händel, Deux musiciens illustres dans le noir, Les barbiers à l'aube de la chirurgie*, 2016.

Michel ROUFFET, *Mais comment en est-on arrivé là ? La terre de 4000 à 4,5 milliards d'années,* 2016.

Roger TEYSSOU, *Jean Wier. Des dieux, des démons, des sorcières,* 2016..

Sofiane BOUHDIBA, *Pavillon jaune, Histoire de la Quarantaine, de la Peste à Ebola,* 2016.

François DEMARD, Pierre MANDRILLON, *Dans l'œil du cyclotron*, 2016.

Gilles GROS, *Pierre Fauchard, ce génie de l'épistémologie en art dentaire*, 2016.

Robert LOCQUENEUX, *L'électricité au Siècle des lumières. Nollet, Franklin & les autres,* 2016.

Jean PERDIJON, *Les physiciens sont-ils des intellectuels ? Petit traité (illustré) de culture physique*, 2016.

Francis WEILL, *Folie du monde et vertige des religions : mémoires d'un vieux médecin,* 2016.

Jean Dominique BOURZAT, *Une dynastie de serruriers à la cour de Versailles. Les Gamain*, 2016.

François TRON, *Maladies auto-immunes. Quand notre système de défense nous trahit*, 2015.

Pierre CHARLES-DOMINIQUE

Histoire de la découverte des faunes tropicales

Les progrès de la pensée scientifique

L'Harmattan

Du même auteur

Ecology and Behaviour of Nocturnal Primates,
Duckworth, London et Columbia, New York, 1977.

Nocturnal Malagasy Primates : Ecology Physiology and Behaviour,
avec H.M. Cooper, A. Hladik, C.M. Hladik, G.F. Pariente,
A. Petter-Rousseaux, J.J. Petter et A. Schilling,
Acad. Press, New York, 1980.

Nouragues: Dynamics and Plant-animal Interactions in a Neotropical Rainforest,
avec F. Bongers, P.-M Forget et M. Théry,
Kluwer Acad. Pub., Dordrecht, Boston, London, 2001.

Les chauves-souris de Guyane,
avec A. Brosset et S. Jouard,
MNHN, Paris, Patrimoine naturel, 49. 2001.

Guyane, Milieux, faune et flore,
CNRS éditions, Paris, 2011.

5-7, rue de l'Ecole-Polytechnique, 75005 Paris

http://www.editions-harmattan.fr

ISBN : 978-2-343-14327-9
EAN : 9782343143279

à Mireille

La Nature, je l'avoue, est dans un mouvement de flux continuel ; mais c'est assez pour l'Homme de la saisir dans l'instant de son siècle, et de jeter quelques regards en arrière et en avant, pour tâcher d'entrevoir ce que jadis elle pouvait être, et ce que dans la suite elle pourrait devenir.

Histoire Naturelle Générale et Particulière, Buffon, 1785

Sommaire

Introduction

Avant la Renaissance, les nations occidentales ne connaissaient qu'une partie du monde confinée aux régions européennes, aux zones périméditerranéennes et à une partie restreinte du Moyen-Orient. Cependant, au travers de récits remontant à l'Antiquité, puis ceux que Marco Polo avait rapportés sur l'Asie au XIIIe siècle, des informations imprécises et souvent fantasmagoriques, sur quelques contrées lointaines d'Asie et d'Afrique subsaharienne, parvenaient au Monde occidental. Ces ouvrages anciens mentionnaient des espèces animales extraordinaires peuplant ces pays inconnus, décrites le plus souvent de façon approximative, avec des détails extravagants.

Selon les dogmes de l'Occident, on considérait alors que seuls les auteurs anciens détenaient la vérité. L'esprit d'observation, d'expérimentation, d'analyse et de déduction, avait rarement cours, et quand cet esprit logique se manifestait, il fallait que l'interprétation des phénomènes nouveaux soit confirmée par les écrits de l'Antiquité. Nous verrons, au cours de cet ouvrage, comment les premiers descripteurs du Nouveau Monde cherchèrent à conforter leurs découvertes et à trouver des explications satisfaisantes au travers de l'Ancien Testament et/ou des écrits d'Aristote.

Il faut attendre la découverte de l'Amérique pour que le monde occidental prenne directement connaissance des flores et des faunes tropicales. Paradoxalement, l'Afrique tropicale ne fut explorée qu'après le Nouveau Monde. En effet, au cours des premiers voyages transatlantiques, les navires s'arrêtaient peu le long des côtes africaines, réputées malsaines, et les routes maritimes passaient le plus souvent par les Canaries, puis par les îles du Cap Vert, dernière halte où l'on se ravitaillait en eau douce et en vivres. Quant au retour, il se faisait par la voie du nord, directement vers les Açores, puis l'Europe. Les Portugais furent les premiers navigateurs européens à établir des comptoirs le long des côtes d'Afrique mais, en comparaison des explorateurs espagnols, puis ceux des autres nations européennes colonisant l'Amérique, ils laissèrent moins de documents décrivant ces régions, vraisemblablement pour garder les secrets de leurs routes maritimes. Dès la fin du XVIe siècle, et surtout à partir de la première moitié du XVIIe siècle, les navigateurs de plusieurs nations, notamment Espagne, Portugal, Angleterre, France et Hollande, étendirent considérablement leurs parcours, autant en Amérique qu'en Afrique et en Asie, rapportant de nombreux récits, mais aussi des objets exotiques, très prisés par les amateurs de « cabinets de curiosité ». Les voies commerciales étaient tellement dynamiques, au milieu du XVIe siècle, que le premier spécimen naturalisé de tatou (animal américain) fut découvert aux alentours de 1548 dans une échoppe de Turquie par le voyageur naturaliste Pierre Belon (14) !

Qui sont les auteurs des premiers ouvrages relatant ces voyages lointains ? Les matelots ne savaient pas écrire, et les capitaines se préoccupaient essentiellement de relever les routes maritimes (gardées secrètes) et d'échanger des informations pratiques avec leurs armateurs. Par exemple, Christophe Colomb (4) a laissé très peu de descriptions de la nature qu'il découvrit. Tout au plus, dans une correspondance adressée à la reine Isabelle la Catholique, parle-t-il de « forêts luxuriantes, toujours vertes, habitées par de nombreux oiseaux inconnus d'Europe, aux chants mélodieux ». Pierre Martyr (6) fut le premier chroniqueur de la période succédant à la découverte de l'Amérique. Résidant à la cour d'Espagne, il recueillit les récits de Christophe Colomb et de ses successeurs, et les publia dans son célèbre *De Orbe Novo* (Du Nouveau Monde) qui fit rapidement le tour de l'Europe. Il fallait bien que l'Espagne affirme ses nouvelles possessions, en particulier vis-à-vis du Portugal, son principal concurrent. Les auteurs suivants furent essentiellement des ecclésiastiques envoyés en mission dans les nouvelles colonies. Il faut également signaler la présence de quelques jeunes aventuriers, engagés sur des navires en tant que chirurgiens, secrétaires, etc., et qui publiaient le récit de leurs périples à leur retour. Enfin, quelques érudits recueillaient les témoignages de certains voyageurs. Mais la plupart des esprits étaient mal préparés à l'analyse de ces nouveaux pays, si différents de ce qui était connu jusque-là en Europe ! Pour la faune, on procédait par analogie, assimilant plus ou moins les nouvelles espèces à celles qui étaient déjà connues. Mais quand il s'agissait d'animaux trop différents, on les décrivait comme s'ils étaient composites, avec la tête de telle espèce, la queue de telle autre, les pieds de telle autre, etc.

Ces ouvrages des XVIe et XVIIe siècles traitent en priorité de géographie, des relations commerciales et politiques, des populations humaines, de leurs mœurs et religions, des étapes de la colonisation, mais presque tous donnent aussi des informations sur la faune et la flore. On accordait en effet un grand intérêt aux vertus médicinales des plantes et aux aliments et matériaux divers qu'on pouvait en tirer ; quant aux animaux, les plus gros d'entre eux focalisaient généralement l'attention des premiers voyageurs en quête de viande après les longues traversées et disettes qu'ils avaient subies. Certains étaient remarqués pour les dangers qu'ils représentaient (fauves, vampires, grands mammifères, certains reptiles, etc.), enfin, d'autres étaient suffisamment étranges pour que les narrateurs les considèrent comme dignes d'intérêt, exagérant souvent leurs traits ! Les mammifères arrivent donc largement en tête de ces descriptions. Les oiseaux, quand ils sont mentionnés, le sont presque toujours pour leur intérêt culinaire, à part les colibris, les perroquets et quelques espèces aux plumages chatoyants. Les reptiles les plus cités sont les crocodiles et les grands serpents constricteurs (boas et pythons), essentiellement pour leurs tailles monstrueuses, quant aux insectes, les plus petits étaient assimilés aux espèces piqueuses (*mostiques*, *maques*, *cousins*, *maringouins*, etc.) et les plus grands étaient souvent placés dans la catégorie des mouches, des poux ou des fourmis, sans beaucoup d'autres informations.

C'est surtout à partir du XVIIIe siècle que certains auteurs se spécialisèrent dans le domaine des sciences naturelles. Mais ils restaient en Europe, travaillant essentiellement à partir d'échantillons réunis dans les cabinets d'histoire naturelle, prenant également leurs sources dans les écrits de l'Antiquité et dans ceux de leurs contemporains qu'ils plagiaient souvent sans se gêner. Au XVIIIe siècle, les deux plus belles collections étaient celle du roi de France (d'abord à Versailles, puis au *Jardin du Roi*, devenu *Muséum national d'histoire naturelle* sous la Révolution française) et celle du riche pharmacien néerlandais Albertus Seba (51), reprise après sa mort par Arnout Vosmaër (70) pour le compte du prince des Pays-Bas. Georges-Louis Leclerc de Buffon (65), qui dirigea le Jardin du Roi entre 1739 et 1788, avait donc à sa disposition la plus belle collection d'Europe à partir de laquelle il publia près de 70 volumes, dont beaucoup étaient dédiés aux mammifères. Dominant les sciences zoologiques de son siècle, sa notoriété fut immense et une bonne partie de ses écrits furent traduits en allemand, anglais et espagnol. Buffon appliquait la démarche scientifique mais de nombreuses lacunes demeuraient, faute de documentation. Pour pallier ces manques, il faisait des *conjectures*, proposant les explications les plus plausibles, quitte à en changer dans les écrits ultérieurs si de nouvelles informations lui étaient parvenues. On se trouve ici à la charnière de la pensée scientifique moderne. Tous ses arguments étaient basés sur une fine analyse de l'anatomie, et Buffon, outre ses propres observations, s'appuyait sur les travaux des autres érudits mais aussi sur les informations transmises par ses nombreux correspondants d'outre-mer. Toutes ses sources étaient citées scrupuleusement.

Dès la fin du XVIIIe siècle et le début du XIXe les livres scientifiques étaient écrits par des « professionnels », presque tous liés aux académies et aux universités. Mais rares étaient ceux qui voyageaient, et les informations concernant la biologie et les comportements de nombreuses espèces exotiques émanaient, pour la plupart, de récits publiés par quelques voyageurs érudits. Dès les années 1840-1850, la plupart des grandes disciplines scientifiques actuelles étaient déjà mises en place, comprenant pour la biologie : l'anatomie comparée, la systématique, la physiologie, la cytologie, l'histologie, la génétique, la paléontologie, etc. Les naturalistes se spécialisaient sur la botanique, la géologie, ou la zoologie, et pour cette dernière discipline, ils se consacraient généralement à des domaines plus restreints comme l'entomologie, l'étude des invertébrés marins, l'ichtyologie, l'herpétologie, l'ornithologie, la mammalogie, etc. Les grandes questions soulevées par les hommes de science du siècle précédent, concernant l'origine géographique des espèces, la variabilité des caractères anatomiques et les parentés existant entre certains groupes zoologiques, etc. trouvaient leurs réponses avec l'émergence de la théorie de l'évolution, ébauchée par Lamarck (78), puis perfectionnée et développée par Darwin (105). Cependant, deux grandes disciplines actuelles, l'ECOLOGIE et l'ETHOLOGIE (étude du comportement animal) restaient encore à l'état d'ébauche. La nature était vue à cette époque comme inépuisable, et tous les processus écologiques étaient englobés sous le vocable d'*économie de la nature*. Quant aux descriptions des comportements animaux, elles étaient toujours marquées par des interprétations très anthropomorphiques : on prêtait aux animaux, selon les cas, des vertus ou des vices comme le courage, la lâcheté, la paresse, la générosité, la méchanceté, l'inconstance, la rancune, la stupidité, etc. Il faudra attendre le milieu du XXe siècle pour que l'écologie et l'éthologie deviennent réellement des disciplines scientifiques.

Ce survol de la littérature scientifique, depuis la Renaissance jusqu'à nos jours, permet de voir se dessiner progressivement notre perception des faunes exotiques, mais aussi l'évolution de la pensée scientifique, cadre conceptuel de notre vision du monde animal. Bien entendu la science ne cesse de progresser et certaines interprétations scientifiques qui, aujourd'hui, nous paraissent satisfaisantes, seront probablement dépassées dans quelques décennies ou quelques siècles. Cependant, un grand nombre de faits scientifiques semblent actuellement établis avec évidence, et les nouvelles découvertes concernent le plus souvent des domaines qui jusqu'alors nous étaient fermés, faute de moyens techniques ou conceptuels permettant de les aborder.

Pour illustrer ce lent cheminement de nos connaissances, quelques exemples, parmi les plus caractéristiques et les mieux documentés, ont été sélectionnés, chacun permettant d'apporter un éclairage particulier à l'élaboration des sciences zoologiques. Le premier chapitre décrit la découverte d'un nouveau groupe de mammifères, les marsupiaux, dont la reproduction n'a rien à voir avec ce qui était connu jusqu'alors. Le second chapitre est consacré aux vampires et à toute la fantasmagorie que leur découverte a pu provoquer, autant chez les scientifiques que dans le public. Dans le troisième chapitre, la découverte des paresseux et de leurs bizarreries comportementales vont inciter les scientifiques de l'époque à considérer ces animaux comme « déshérités par la Nature », avant que l'on reconnaisse qu'il s'agit d'adaptations à des niches écologiques particulières. Le quatrième chapitre traite de plusieurs espèces animales qui, dès le début de la colonisation de l'Amérique tropicale, furent systématiquement exploitées pour leur viande, sans que l'on s'interroge sur l'état et le devenir de leurs populations. Les trois chapitres suivants concernent les éléphants, girafes et rhinocéros, animaux déjà connus des Romains, puis redécouverts par l'Europe dès la fin du Moyen Age et le début de la Renaissance. L'acquisition de tels animaux par les princes était un signe de prestige, et toutes sortes de légendes et croyances avaient cours. Progressivement, grâce aux progrès de la science, des explications et interprétations plus réalistes furent proposées. Quelques récits de l'acheminement de ces animaux en Europe montrent à quel point ces espèces pouvaient provoquer une passion et un engouement général. Les huitième et neuvième chapitres traitent des grands fauves, eux aussi connus de l'Antiquité et redécouverts par l'Europe, et des Primates dont quelques espèces étaient également connues depuis longtemps.

Postulant que tous les animaux de la terre provenaient de l'Arche de Noé, la découverte de certains grands mammifères en Amérique posait la question de leur origine. Aussi, très tôt, les auteurs se sont-ils interrogés sur la façon dont ces espèces avaient pu coloniser ces terres isolées. Le dixième chapitre traite donc de ce débat d'idées et des premiers concepts de biogéographie. Enfin, le onzième et dernier chapitre est consacré aux problèmes soulevés, après la découverte des Anthropoïdes, par la position de l'Homme au sein des Primates, ainsi qu'à l'élaboration de la classification zoologique et de la théorie de l'évolution des espèces.

Remarques sur l'organisation de l'ouvrage

De longs passages de la littérature scientifique ancienne sont cités dans l'ordre chronologique, de façon à montrer comment les opinions pouvaient se forger, comment les idées des uns influaient sur les idées des autres, et comment, parfois, des erreurs grossières avaient pu s'enraciner, à la fois chez les scientifiques et dans l'opinion générale. La majorité de ces extraits concernent des textes allant de la fin du XVe siècle à la fin du XIXe, et quand les besoins s'en font sentir, un encart permet de faire le point sur l'état des connaissances scientifiques actuelles. Les commentaires sont réduits au minimum, laissant la priorité aux textes originaux, suffisamment explicites pour exprimer les mentalités et les idées de leurs époques respectives. Une liste des auteurs cités figure en fin d'ouvrage, numérotée dans l'ordre chronologique et accompagnée de brefs commentaires. Dans chaque chapitre, la première citation d'un auteur est accompagnée d'un numéro entre parenthèses (x), renvoyant à la liste bibliographique.

L'orthographe, en particulier aux XVe et XVIe siècles, était bien différente de l'actuelle, et peut présenter quelques difficultés de lecture. Malgré cela l'intégrité des textes a été conservée, et seule la typographie a été légèrement modifiée (*s* pour certains *f* ; *v* pour certains *u* ; *en* pour les *ñ*). Quand un terme ancien prête à confusion, son équivalent moderne, ou une courte explication, sont apportés entre parenthèses, en italique. Pour les textes qui à l'origine n'étaient pas écrits en français, c'est la traduction française la plus ancienne qui a été retenue. Dans les rares cas où une traduction française n'existait pas (pour l'anglais et l'espagnol), le passage a été traduit de façon littérale, tout en utilisant le français actuel. Enfin, lorsque certaines citations paraissaient trop longues, du fait de digressions, l'essentiel a été conservé, mais certains passages, indiqués par [...], ont été supprimés.

Fougère arborescente et épiphytes, Guadeloupe.

I.
Découverte de la sarigue et des marsupiaux

Le grand public ignore généralement qu'il puisse exister des marsupiaux en Amérique. En effet, dans l'imagerie populaire, ces animaux bizarres, dont les représentants les plus connus sont les kangourous et le koala, ne vivent qu'en Australie. On en dénombre pourtant près de 100 espèces en Amérique et ce furent les compagnons de Christophe Colomb qui, pour la première fois, firent connaître ce groupe de mammifères au monde occidental.

Découverte

En l'an 1500, revenant des côtes du Brésil qu'ils venaient de découvrir, Vicente Yáñez Pinzón et son neveu Aria Pinzón rapportèrent à la reine Isabelle la Catholique un curieux animal portant ses petits dans une poche ventrale (mais l'animal ne parvint pas vivant en Espagne). Son nom, emprunté à une langue tupi locale était *çarigue* ou *çarigueia*, origine du mot sarigue. Voici ce qu'en dit Pierre Martyr (6), alors présent à la cour d'Espagne :

> « Au milieu de ces arbres vit un animal extraordinaire qui rappelle le renard par son museau, le cercopithèque par sa queue, la chauve-souris par ses oreilles, l'homme par ses mains, le singe par ses pieds. Partout où il va, il emporte ses petits déjà nés, dans un estomac extérieur, en forme de grande poche. Vous avez vu en même temps que moi un de ces animaux. Il était mort, mais vous l'avez mesuré et vous avez admiré cette poche, ce nouvel estomac, ce remède inventé par la nature pour que ce nouvel animal, en emportant ses petits, réussisse à les protéger soit contre les chasseurs, soit contre d'autres bêtes sauvages et féroces. L'observation a démontré que cet animal ne se sépare jamais de ses petits que lorsqu'ils jouent ou s'allaitent, jusqu'au moment où ils savent trouver leur nourriture. Les Espagnols avaient pris cet animal avec ses petits. Les petits, une fois sur le navire, périrent les uns après les autres. La mère leur survécu quelques mois, mais elle ne put s'habituer au changement de climat et de régime… »

Il s'agit vraisemblablement du genre *Didelphis*, largement répandu dans les deux Amériques, depuis l'Argentine jusqu'au Canada.

L'animal est présenté ici comme s'il était composé d'organes provenant d'autres espèces, ce qui est bien la facture des monstres, et sa mauvaise réputation ne va faire qu'empirer. Appelé *Sarigue* en Amazonie, *manicou* dans les petites Antilles, nom d'origine Caraïbe, *thlaquatzin* au Mexique, *opossum* en Amérique du Nord, nom d'origine Algonquin, il fut nommé *puant*, puis par déformation *pian*, en Guyane française. Il possède en effet des glandes dites « répugnatoires » et, quand il se sent menacé, sécrète une odeur très désagréable qui repousse certains prédateurs (ne pas confondre avec la moufette, qui possède également des glandes analogues). En outre son aspect physique est peu attrayant, ses petits yeux noirs sont inexpressifs et, de sa fourrure hirsute, émergent de longs poils raides recouvrant un fin duvet laineux. Quand il perçoit un danger, l'animal s'immobilise, comportement plutôt efficace en forêt, qui lui permet d'échapper à la vue de ses ennemis, mais qu'il utilise également dans les endroits bien ouverts, en pleine vue, ce qui ajoute une réputation de « stupidité » à ses autres bizarreries. Enfin, rôdant autour des poulaillers et venant se nourrir des fruits de papayers, bananiers et autres fruitiers plantés dans les jardins, la sarigue a rapidement été considérée comme nuisible par les premiers colons.

Voici ce qu'en dit Jean de Léry (18), parti en 1557 dans la nouvelle colonie de « France Antarctique », l'actuelle baie de Rio de Janeiro :

> « … il s'en voit un autre de la forme d'un putoy, et de poil ainsi grisastre, lequel les Sauvages nomment Sarigoy : mais parce qu'il put aussi, eux n'en mangent pas volontiers. Toutefois nous autres en ayant escorchez quelques uns, & cognu que c'estoit seulement la graisse qu'ils ont sur les rongnons qui leur rend ceste mauvaise odeur, apres leur avoir ostee, nous ne laissions pas d'en manger : & de fait la chair en est tendre & bonne. »

Ici c'est l'aspect « gastronomique » qui prédomine, mais il faut avoir à l'esprit que les premiers colons souffraient presque toujours de disettes, la nourriture constituant l'une de leurs préoccupations majeures. D'innombrables témoignages confirment cette obsession quasi permanente. Actuellement la sarigue est considérée presque partout comme répugnante, aussi est-elle rarement consommée. Mais dans les Petites Antilles elle constituait autrefois l'un des rares gibiers (préparée après retrait des glandes répugnatoires).

Un siècle plus tard, en 1667, voici ce qu'en dit le père missionnaire Jean-Baptiste du Tertre (35) :

« Si tost que je fus arrivé dans l'Isle de la Grenade, l'on me fit voir un animal que les habitants appellent Manitoü, & encore d'autres noms comme de Carigueya, de Maritacaca, & d'Ospasson, selon le langage des pays où il se rencontre.
Cet animal a quelque chose du rat, du singe & du cochon, celuy que je vis estoit d'un gris fort brun, & il sentait si fort le bouquin qu'il faisoit mal au cœur, il avoit la teste longue comme celle du renard, qui tenoit un peu du groüin d'un cochon, sa gueüle estoit grande, pleine de dents de chat, & mesme deux moustaches comme celles des chats [...] ils me firent voir aussi qu'il avoit le ventre double, & qu'au dessous du fondement, il y avoit une petite ouverture, qui ne se voyoit qu'en l'étendant avec les doigts, & cela faisoit comme une bourse ou double ventre, tout revestu par dedans d'un poil fort mollet ; ils m'asseurerent que les petits se formoient dans cette bourse, & s'y nourrissoient, suçant huit petits tetons qui sont attachez au corps de la mere, & qu'ils sortoient souvent de ce ventre, & y rentroient si tost qu'on leur faisoit peur, que le masle en avoit autant que la femelle, & portoit alternativement les petits.
Ils sentent si mauvais, que les chiens ne les veulent pas approcher, si on les presse bien fort ; ils sont méchants & mordent comme des loups, font la chasse aux poulles & aux oyseaux, quoy qu'ils ne laissent pas de manger des fruits & des cannes, quand la proye leur manque. »

S'inspirant largement de ce texte, qu'il aurait plagié, un autre ecclésiastique, le pasteur Charles de Rochefort (34), qui avait également résidé dans les Antilles, écrivait à la même époque :

« Ce qui est de particulier en cet Animal, est, que par une singularité bien remarquable, il a une bourse de sa peau même repliée sous le ventre, dans laquelle il porte ses petits, lesquels il lasche sur terre quand il veut, en desserrant cette bourse naturelle. Puis quand il veut passer outre, il l'a r'ouvre, & les petits rentrent dedans, & il les porte ainsi par tout. La femelle les allaite sans les poser à terre ; car ses mamelles sont cachées dans cette bourse, qui est en dedans couverte d'un poil beaucoup plus mollet, que celui qui paroit en dehors. La femelle produit ordinairement six petits. Mais le masle, qui a aussi un pareil sac naturel sous le ventre, les porte à son tour, pour soulager la femelle, quoy qu'il ne les puisse pas allaiter. »

Et pour conforter son discours, s'appuyant sur les écrits d'un auteur de l'Antiquité, Rochefort poursuit :

« … La Baleine, n'ayant pas receu de la nature la comodité d'un tel sac, a l'industrie, à ce que dit Filostrate, de cacher ses petits dans sa gueule. Et la Belette aime tant ses petits, que crainant qu'on ne luy dérobe, elle les prend aussi dans sa gueule, & les remuë de lieu en autre. »

Le premier témoignage (du Tertre) sépare clairement ce que l'auteur a observé de ce qui lui a été rapporté par les habitants de l'île de la Grenade. En revanche, le second (Rochefort) ne prend pas cette peine. Les auteurs suivants rapporteront les mêmes faits, plus ou moins enjolivés, que l'on retrouvera encore longtemps dans la littérature scientifique. Mais l'imagination prenait souvent le relais de l'observation et des comportements humains étaient aisément prêtés aux animaux. Précisons tout de suite que le mâle ne possède pas de poche marsupiale, qu'il ne s'occupe jamais des petits, que ces derniers ne sortent pas à volonté de la poche, et que le nombre de mamelles est toujours impair (7, 9, 11, ou 13).

Le comportement maternel de la sarigue

D'auteur en auteur les écrits s'agrémentent de détails plus plaisants à l'esprit. Voici ce que l'on peut lire un siècle plus tard, en 1764, dans le *Dictionnaire Raisonné Universel d'Histoire Naturelle* (118) publié par Valmont de Bomare (73), après un long paragraphe décrivant l'anatomie de l'animal :

« … La femelle de cet animal est avantagée de ce sac par la nature, pour satisfaire à l'amour extraordinaire qu'elle a pour ses petits, qui naissent nuds & pelés, les yeux clos, & par conséquent dans le besoin d'être secourus. La mère les soigne elle-même, ne les quitte pas, les caresse sans cesse, les nourrit, les met dans sa poche ou dans son manchon pour les réchauffer : elle les porte partout avec elle, sans les exposer à l'air & au froid. Elle les allaite à l'entrée de ce berceau portatif avec ses mamelons, rangés exprès pour la commodité de ces petits marmots, à l'endroit qu'il faut & à leur portée. La mère les fait sortir de tems en tems, surtout quand il pleut, pour les laver ; elle les essuie ensuite avec ses pattes, les lèche & les remet promptement dans sa poche : quelquefois elle les expose au soleil, quand il fait beau ; & lorsqu'ils ont les yeux ouverts, elle les amuse, elle danse avec eux, les agite, leur apprend à marcher ; mais aussi-tôt qu'ils sont assez forts pour chercher leur nourriture, elle feint de les chasser, pour les exciter à se passer des soins maternels ; cependant elle les suit de loin et veille à leur conduite ; & si par hazard le moindre bruit l'avertit de quelque danger, elle court aux uns

et aux autres, les met dans sa poche, & les emporte dans un endroit plus sûr et plus tranquille. Elle ne voit aucun mâle jusqu'à ce que la petite famille soit en état de s'approvisionner, de pourvoir à tout, en un mot de se passer entièrement de son secour ; elle ne la quitte qu'après mille caresses & mille gambades.
Les mâles sont infidèles, des libertins, qui courent les champs, & cherchent pendant ce tems là de bonnes fortunes : cependant comme à femelles égales ils préfèrent celles qu'ils ont épousées les premières, ils délaissent leur conquête passagère, & reviennent à leurs premières femelles dès qu'elles sont débarrassées de toute les attentions qu'elles donnent à leur petit ménage. »

Dans cette nouvelle version de la biologie de la sarigue, le comportement maternel devient exemplaire, alors que celui du mâle, un « libertin », a changé du tout au tout. Le XVIIIe siècle vit fleurir un grand nombre de publications scientifiques, encyclopédies, dictionnaires et autres ouvrages dont le public était friand. S'en inspirant, le poète Jean-Pierre Claris de Florian (86) publia en 1792 une fable qui deviendra célèbre et sera même évoquée pendant longtemps par des scientifiques de renom :

« Vous, de qui les attraits, la modeste douceur,
Savent tout obtenir et n'osent rien prétendre,
Vous que l'on ne peut voir sans devenir plus tendre,
Et qu'on ne peut aimer sans devenir meilleur.
Je vous respecte trop pour parler de vos charmes,
De vos talents, de votre esprit …
Vous aviez déjà peur : bannissez vos alarmes,
C'est de vos vertus qu'il s'agit.
Je veux peindre en mes vers des mères le modèle,
La sarigue, animal peu connu parmi nous,
Mais dont les soins touchans et doux,
Dont la tendresse maternelle,
Seront de quelque prix pour vous.
Le fond du conte est véritable :
Buffon m'en est garant ; qui pourrait en douter ?
D'ailleurs, tout dans ce genre a droit d'être croyable
Lorsque c'est devant vous qu'on peut le raconter.
Maman, disait un jour à la plus tendre mère
Un enfant péruvien sur ses genoux assis,
Quel est cet animal qui, dans cette bruyère
Se promène avec ses petits ?
Il ressemble au renard. Mon fils, répondit-elle,

Du sarigue c'est la femelle ;
Nulle mère pour ses enfans
N'eut jamais plus d'amour, plus de soins vigilans.
La nature a voulu seconder sa tendresse
Et lui fit près de l'estomac
Une poche profonde, une espèce de sac,
Où ses petits, quand un danger les presse,
Vont mettre à couvert leur faiblesse.
Fais du bruit, tu verras ce qu'ils vont devenir.
L'enfant frappe des mains : la sarigue attentive
Se dresse, et d'une voix plaintive
Jette un cri ; les petits aussitôt d'accourir,
Et de s'élancer vers la mère,
En cherchant dans son sein leur retraite ordinaire.
La poche s'ouvre, les petits
En un moment y sont blottis,
Ils disparaissent tous ; la mère avec vitesse
S'enfuit emportant sa richesse.
La Péruvienne alors dit à l'enfant surpris :
Si jamais le sort t'est contraire,
Souviens-toi du sarigue, imite le, mon fils :
L'asile le plus sûr est le sein d'une mère. »

La Mère, l'Enfant et les Sarigues
Fable de Jean-Pierre Claris de Florian, 1792

Remarquons que le mot sarigue, qui est actuellement employé au féminin, l'était primitivement au masculin. Florian parle *du sarigue*, quand il s'agit du mâle, et de *la sarigue*, quand il s'agit de la femelle. Peut-être la notoriété de cette fable, associée à l'exemplarité du comportement maternel qu'elle glorifie, ont-elles imposé le féminin ?

Buffon, cité par l'auteur de cette poésie, en quelque sorte comme caution scientifique, régnait sur les sciences naturelles du XVIIIe siècle. Il dirigeait le Jardin du Roi (actuel Muséum national d'histoire naturelle), organisme hébergeant les plus belles collections de l'époque, il correspondait avec tous les philosophes et hommes de sciences d'Europe et publia d'innombrables ouvrages.

Buffon se montrait plus prudent que nombre de ses collègues : il s'appuyait en partie sur les travaux des anatomistes, Tyson (45), Cowper (52), Daubenton (68), entre autres, et s'attachait à décrire, essentiellement, l'anatomie des animaux et à préciser leurs origines géographiques. Il donnait cependant quelques informations sur leurs comportements et, pour cela, en particulier pour les espèces exotiques, ne pouvait que s'en remettre aux témoignages des personnes qu'il jugeait dignes de foi. Voici ce qu'il écrivait à propos du comportement des jeunes sarigues :

> « ... ils ne quittent la tétine, qu'ils tiennent avec la gueule, que quand ils ont assez de force pour marcher ; ils se laissent alors tomber dans la poche, et sortent ensuite pour se promener et pour chercher leur subsistance ; ils y entrent souvent pour dormir, pour téter, et aussi pour se cacher quand ils sont épouvantés ; la mère fuit alors et les emporte tous. »

Comparé à son contemporain Valmont de Bomare, Buffon s'avance beaucoup moins dans le domaine du comportement animal, mais on retrouve tout de même certains détails provenant des auteurs plus anciens. Néanmoins, il préfère se consacrer à des sujets qu'il peut davantage maitriser comme l'anatomie, la biogéographie, ou les caractéristiques générales « gouvernant les êtres organisés. »

C'est également Buffon qui clôt définitivement le débat concernant le lieu de conception des jeunes marsupiaux. En effet, de nombreux hommes de science considéraient la poche ventrale « comme une matrice dans laquelle sont conçus les petits. » Ces auteurs pensaient, comme François Valentin (49), en 1724, que les mamelles étaient...

> « ... à l'égard des petits de cet animal ce que les pédicules sont aux fruits ; qu'ils restent adhérens à ces mamelles jusqu'à ce qu'ils soient mûrs, et qu'alors ils s'en séparent comme le fruit quitte son pédicule lorsqu'il a acquis toute sa maturité. »

A propos des adeptes d'une fécondation dans la poche marsupiale, Buffon écrit :

> « Marcgrave (30) dit qu'il en a disséqué un, et qu'il n'a point trouvé d'autre matrice à l'intérieur : Pison (*Piso*) renchérit encore sur lui, en disant qu'il en a disséqué plusieurs, et qu'il n'a jamais trouvé de matrice à l'intérieur... Qu'on juge maintenant de quel poids doivent être ici les autorités de Marcgrave, de Pison, et de Valentin, et s'il seroit raisonnable d'ajouter foi au témoignage de trois hommes, dont le premier a mal vu, le second a amplifié les erreurs du premier, et le dernier a copié les deux autres. »

Pour cela, Buffon s'appuie sur les travaux du grand anatomiste anglais Tyson, en 1704, qui a disséqué une sarigue provenant de Virginie ; mais curieusement, Tyson avait vu deux utérus, quatre ovaires et deux vagins. En réalité il y a deux ovaires, deux utérus et deux vagins, mais les deux utérus qui, chez les mammifères placentaires, sont fusionnés en un seul organe (tout comme le vagin), sont, chez les marsupiaux, encore séparés et ne communiquent partiellement que dans leur partie médiane. Buffon remarque…

> « … qu'il est au moins très certain que dans les organes de la génération des sarigues il y a plusieurs parties doubles qui sont simples dans les autres animaux […] l'on peut présumer, avec beaucoup de vraisemblance, que dans ces animaux la matrice n'est, pour ainsi dire, que le lieu de conception, de la formation, et du premier développement du fœtus, dont l'expulsion étant plus précoce que dans les autres quadrupèdes, l'accroissement s'achève dans la bourse, où ils entrent au moment de leur naissance prématurée. »

Il fait ensuite la remarque judicieuse suivante, que :

> « … cette observation, curieuse par elle-même, pourroit devenir utile, en nous indiquant peut-être quelque moyen de conserver la vie aux enfants venus avant terme. »

Toujours à la même époque, Roume de Saint-Laurent, qui se trouvait à l'île de la Grenade et avait eu l'occasion de disséquer une sarigue en début d'allaitement, écrivait à Buffon :

> « L'extrémité des cornes se terminait par des filets gros comme de forts crins, […] On suivait ces filets jusque dans le corps glanduleux des mamelles, où ils aboutissaient chacun à des mamelons, sans que l'on pût en distinguer la fin, […] Ces filets paroissoient être creux et remplis du même mucus qui étoit contenu dans les cornes. Peut-être les petits embryons produits dans la matrice passent-ils dans ces canaux pour se rendre aux mamelons contenus dans le sac. »

Avec prudence et beaucoup de perspicacité, Buffon commente cette description (purement imaginaire) de la façon suivante :

> « Cette observation de M. de Saint-Laurent mérite assurément beaucoup d'attention, mais elle nous paroît si singulière qu'il seroit bon de la répéter plus d'une fois, et de s'assurer de cette marche très-extraordinaire des fœtus et de leur passage immédiat de la matrice aux mamelles, et du temps où se fait ce passage immédiat de la matrice aux mamelles, … il

faudroit pour cela élever et nourrir un certain nombre de ces animaux, et disséquer les femelles peu de temps après leur avoir donné le mâle, à un jour, deux jours, trois jours, quatre jours après l'accouplement… »

Cette souris-opossum *Marmosa murina*, 30 grammes, équipée d'un collier radio-émetteur, porte ses petits fixés aux mamelles. Ils sont bien visibles car la poche marsupiale a secondairement régressé et complètement disparu chez cette espèce.

Remarquons que le terme *Didelphis* signifie en grec deux utérus, soit l'un interne (qui est en fait double), et l'autre externe (la poche marsupiale). Quant au terme *marsupial*, il dérive à la fois du grec et du latin et signifie poche ou bourse. Ces deux termes, qui apparaissent très tôt dans la littérature, ont été conservés dans la nomenclature moderne : les sarigues font partie de la famille des DIDELPHIDES, et les MARSUPIAUX regroupent tous les mammifères d'Amérique et d'Australie appartenant à cette sous-classe de mammifères si particuliers, possédant une poche ventrale.

La clairvoyance des analyses de Buffon est manifeste, mais certaines de ses descriptions sont malgré tout entachées des préjuges de son époque comme, par exemple, à propos de la description de la sarigue :

> « … mais il dégoute par sa mauvaise odeur, qui est plus forte que celle du renard, et il déplait aussi par sa vilaine figure ; car, indépendamment de ses oreilles de chouette, de sa queue de serpent, et de sa gueule fendue jusqu'auprès des yeux, son corps parait toujours sale, parce que le poil, qui n'est ni lisse ni frisé, est terne et semble être couvert de boue. »

On ne peut que s'interroger sur la comparaison faite avec les « oreilles de chouette » (ici, probablement de hibou). Mais oiseaux de nuit et chauves-souris étaient considérés depuis longtemps comme laids, malfaisants et nuisibles ! On retrouve d'ailleurs des descriptions assez similaires chez d'autres auteurs contemporains, comme Vicq-D'Azyr (81), en 1742 :

> « Ce sont des animaux très laids ; leur gueule fendue comme celle d'un brochet, leurs oreilles de chauve-souris, leur queue de couleuvre, et leur pied de singe, présentent une forme bizarre, qui devient encore plus désagréable par la mauvaise odeur qu'ils exhalent, & par la lenteur & la stupidité dont leurs actions & tous leurs mouvements sont accompagnés. »

Un siècle plus tard, les divers ouvrages scientifiques ne mentionnent pratiquement plus le comportement maternel de la sarigue, si ce n'est l'extrême précocité des nouveau-nés qui, après une gestation très courte, gagnent la poche marsupiale pour s'attacher à une mamelle. Mais on n'en sait toujours pas plus sur leur biologie, en particulier sur leur comportement reproducteur. En revanche, au milieu du XIXe siècle, l'anatomie comparée constitue une discipline atteignant l'apogée de son développement et les préoccupations scientifiques de l'époque sont essentiellement consacrées aux descriptions minutieuses du squelette, des dents, des muscles, des appareils digestifs, circulatoires, reproducteurs, etc. Il faut attendre la fin du XXe siècle pour que l'écologie et les structures sociales des marsupiaux soient étudiées, tout comme leurs comportements sexuels et maternels (voir encart).

La queue prenante de la sarigue

Avant la découverte de l'Amérique, aucun animal à queue prenante n'était connu du monde occidental. On imagine la surprise des premiers voyageurs observant des sarigues ou des singes américains utiliser leur queue comme un cinquième membre. Nous verrons dans le chapitre dédié aux Primates comment cette faculté de préhension a pu donner lieu à des récits extravagants mais, à propos de la sarigue, voici ce qu'en disait Jean Baptiste du Tertre (35) en 1667 :

> « … il avoit une queüe presque deux fois aussi longue que son corps, moitié veluë, moitié pelée comme celle d'un rat ; les habitants m'asseurerent qu'elle estoit si forte, qu'il se pendoit par le bout aux branches des arbres, & s'élançoit d'arbre en arbre, avec une legereté merveilleuse. »

Un siècle plus tard, Buffon répète pratiquement la même chose en fournissant un peu plus de détails, basés en partie sur ses analyses anatomiques et en partie sur le témoignage des voyageurs :

> « A la seule inspection de la forme des pieds de cet animal, il est aisé de juger qu'il marche mal et qu'il court lentement ; aussi dit-on qu'un homme peut l'attraper sans même précipiter son pas. En revanche il grimpe sur les arbres avec une extrême facilité ; il se cache dans le feuillage pour attraper les oiseaux, ou bien il se suspend par la queue, dont l'extrémité est musculeuse et flexible comme une main, en sorte qu'il peut serrer et même environner de plus d'un tour les corps qu'il saisit : il reste quelquefois long-temps dans cette situation sans mouvement, le corps suspendu, la tête en bas ; il épie et attend le petit gibier de passage : d'autres fois il se balance pour sauter d'un arbre à un autre, à peu près comme les singes à queue prenante, auxquels il ressemble aussi par la conformation des pieds. »

En fait, comme chez la majorité des mammifères à queue prenante, cet organe sert à sécuriser la position de l'animal quand il s'aventure à l'extrémité des branches ou bien quand il descend le long d'un petit tronc d'arbre, un peu comme une corde de rappel. Les sarigues, tout comme les singes à queue prenante, peuvent également se pendre à une branche par l'extrémité de la queue afin d'agripper un rameau situé plus bas, le tirer vers eux, puis continuer leur chemin après que leur queue eut lâché le premier support. Mais en aucune façon ils se balancent au bout de leur queue pour sauter d'arbre en arbre. Mécaniquement, ils ne le pourraient pas. Ici encore, l'imagination prend le relais de l'observation. Quant à l'immobilité de la sarigue, pendue par la queue, guettant ses proies, il faut attribuer cette attitude à sa faculté de se figer quand elle perçoit un danger. Ce comportement d'immobilisation apparaît dans n'importe quelle situation, y compris quand l'animal est pendu par la queue, mais sitôt le danger disparu (en particulier quand l'observateur s'est éloigné), l'animal reprend l'activité qui avait été interrompue. Cette vieille croyance se retrouve dans le dessin animé *Bambi*, de Walt Disney, où une sarigue et ses petits sont tous pendus par la queue à une branche, en rang d'oignon.

Un autre comportement, lié à cette « cinquième main », a également excité l'imagination des observateurs et apparaît très tôt dans la littérature : Au moment du sevrage, qui ne dure qu'une huitaine de jours, les jeunes quittent la poche marsupiale et grimpent sur leur mère en s'agrippant des quatre pattes et de la queue après sa fourrure. On peut observer ce mode de transport un court instant, quand la mère sort du nid, mais les petits s'en détachent rapidement et grimpent dans la végétation environnante où elle les récupèrera le matin, à son retour. L'imagination aidant, les auteurs du XVIIIe siècle décrivirent les jeunes, perchés sur le dos de la mère, chacun attaché par la queue, à celle de leur mère.

Il semblerait que ce soit la peintre allemande Maria Sybilla Merian (44) qui, après deux années de résidence au Surinam entre 1699 et 1701, fut la première à représenter une femelle et ses petits, les queues enroulées les unes aux autres (dans l'ouvrage *Metamorphosis insectorum surinamensis,* 1705). Cette artiste, rendue célèbre par ses représentations d'animaux et de fleurs, créait des compositions dans lesquelles l'aspect artistique primait sur la réalité scientifique. Le naturaliste hollandais Seba (51) s'en inspira pour décrire le comportement des jeunes sarigues, puis tous les peintres et graveurs d'Europe et d'Amérique du Nord copièrent ce modèle jusqu'au début du XXe siècle. Dans la représentation de Merian, la queue de la mère se trouve en position normale, c'est-à-dire plus ou moins étendue vers l'arrière, les extrémités des queues de ses jeunes s'enroulant autour de sa base. Dans les représentations suivantes, la mère redresse sa queue par-dessus son dos, ce qui permet aux artistes de réaliser des compositions plus variées et plus attrayantes. Mais cette vision, qui a été popularisée jusqu'à aujourd'hui, ne correspond à rien de réel ; jamais telle attitude n'a été observée ni photographiée par un naturaliste (l'anatomie des vertèbres caudales rend une telle flexion impossible).

Mais cet organe extraordinaire qu'est la queue prenante est à l'origine d'une autre légende : La sarigue fréquente tous les milieux forestiers, y compris les forêts marécageuses où elle consommerait des crabes, ce qui est assez vraisemblable, vu son éclectisme alimentaire. De là, à penser que l'animal se servirait de sa queue pour les capturer ! La légende vient probablement de Guyane où les mangroves hébergent de nombreuses espèces de crabes, dont certaines, très recherchées par les pêcheurs, se réfugient dans des terriers qu'ils creusent dans la vase. Aussi a-t-on imaginé que les sarigues plongeaient leur queue dans ces terriers pour en retirer les crabes ! Voici ce qu'en dit Buffon, citant son correspondant en Guyane, Monsieur Laborde, médecin du roi à Cayenne (lettre de 1774) :

> « … les crabes sont sa principale nourriture, & lui profitent, car il est toujours gras. Quand il ne peut pas tirer les crabes de leur trou avec la patte, il y introduit sa queue, dont il se sert comme d'un crochet ; le crabe, qui lui serre quelquefois la queue, le fait crier, ce cri ressemble assez à celui d'un homme, & s'entend de fort loin ; mais sa voix ordinaire est une espèce de grognement… »

Plus tard, dans l'édition de 1799, à propos des marmoses, petites sarigues arboricoles de la taille d'une souris, Buffon écrit :

> « … ils mangent aussi des fruits, des graines et des racines, mais ils sont encore plus friands de poisson et d'écrevisses, qu'ils pèchent, dit-on, avec leur queue. Ce fait est très douteux, et s'accorde fort mal avec la stupidité naturelle qu'on reproche à ces animaux, qui, selon le témoignage de la plupart des voyageurs, ne savent ni se mouvoir à propos, ni fuir, ni se défendre. »

On voit bien ici que Buffon, sur la fin de sa vie, est plus réservé sur les récits rapportés par les voyageurs, même ceux dignes de foi.

« Le sarigue crabier », que Linné (64) avait baptisé *Didelphis cancrivorus*, a maintenant disparu de la littérature scientifique (il ne s'agissait en fait que d'un synonyme de la sarigue commune *D. marsupialis*, dont la coloration est assez variable). Mais ce comportement de pêche au crabe avait été également prêté au raton-laveur amazonien, ou chien crabier (*Procyon cancrivorus*), voisin du raton laveur nord-américain. Voici ce qu'en dit le voyageur Delteil (113), en 1886, après un voyage réalisé en Guyane :

> « ... il introduit sa queue dans le trou de ce crustacé, lequel s'empresse d'y mordre à pleines pinces ; le rusé crabié n'a plus qu'à retirer tout doucement son appendice caudal, en même temps que sa proie qui y reste cramponnée ; et, quand celle-ci est à quelque distance de son trou, il se retourne, brise adroitement d'un coup de dent l'enveloppe résistante de sa victime et se régale ensuite à ses dépens. »

Il ne s'agit bien entendu que d'une légende, mais la référence au crabe reste évoquée dans le nom scientifique de l'animal !

Ce « quatre-yeux », *Philander opossum*, marsupial amazonien de 400 grammes, doit son nom à ses deux taches supra-oculaires.

La distribution des marsupiaux dans le monde

On savait, depuis l'Antiquité, que des animaux inconnus existaient dans certains pays lointains, et il paraissait normal que chaque espèce ne soit pas distribuée sur terre de façon uniforme. Cela était expliqué à la fois par les prédispositions de certains animaux à mieux résister aux diverses conditions climatiques (froid extrême, sècheresse, etc.), mais aussi par leurs facultés de coloniser plus ou moins rapidement les divers continents, depuis l'époque où ils avaient quitté l'Arche de Noé. Les nombreuses espèces animales plus ou moins bizarres, décrites ou rapportées d'Amérique, d'Afrique et d'Asie, augmentèrent donc la liste des animaux déjà connus des occidentaux, sans pour autant poser plus de questions quant à leurs origines. En outre, quand un spécimen arrivait dans un cabinet de curiosités, sa provenance était bien souvent fausse ou incertaine.

Buffon fut l'un des premiers naturalistes à rechercher des raisons objectives aux différences de distribution des êtres vivants sur la planète. Persuadé, comme tous ses contemporains, qu'animaux et végétaux résultaient (indirectement) d'une création divine, il avait rapidement mis en évidence que chaque région du monde avait une spécificité zoologique bien caractéristique :

> « Il est certain qu'au temps de la découverte de l'Amérique, il n'existoit dans ce nouveau monde aucun des animaux que je vais nommer. L'éléphant, le rhinocéros, l'hippopotame, la giraffe, le chameau, le dromadaire, le buffle, le cheval ; l'âne, le lion, le tigre, les singes (*anthropoïdes*), les babouins, les guenons, nombre d'autres dont j'ai fait l'énumération, & que de même le tapir, le lama, la vigogne, le pécari, le jaguar, le cougar, l'agouti, le paca, le coati, l'unau, l'aï, et beaucoup dont j'ai donné l'énumération, n'existoient point dans l'ancien continent. »

Aussi, quand Seba publie la description d'une sarigue provenant des Indes orientales, plus exactement de l'île d'Amboine (Ambon), dans Archipel des Moluques, Buffon commence par nier le fait, suggérant une fausse identification du lieu de récolte, ou bien l'importation de cette espèce, depuis les Amériques, vers cette contrée asiatique. Il s'agissait en fait d'un autre marsupial, le Couscous (genre *Phalanger*), commun dans ces régions et qui, comme la sarigue, possède une queue prenante et une poche marsupiale (mais on ne connaissait pas encore l'Australie et sa faune). Seba, puis son successeur Vosmaër (70), nommèrent indifféremment cet animal « opossum », « carigueya » (sarigue), ou « philander », nom local dérivant de « pelandor Aroe », c'est-à-dire, en malais, le lapin d'Aroe. Dans leurs rééditions successives, Seba puis Vosmaër, privilégièrent le nom de philander, et allèrent jusqu'à nommer certaines sarigues américaines *philandre occidental*. Il restera, de ces incohérences, et ceci pour des raisons de règlementations internationales de la nomenclature, que le genre *Philander* est maintenant attribué à certaines espèces amazoniennes ! Vers la fin de sa vie, devant l'affluence de nouveaux spécimens arrivant des Indes orientales, Buffon admit l'existence de proches parents de la sarigue dans ces régions du globe, tout en insistant sur le fait qu'il ne pouvait pas s'agir de sarigues, au même titre que la panthère en Afrique et le jaguar en Amérique se ressemblent tout en faisant partie d'espèces nettement différentes. Quelques années plus tard, l'Australie était découverte et de nombreux spécimens de sa faune, en particulier les marsupiaux, enrichissaient les collections du Muséum national d'histoire naturelle de Paris. Mais l'Europe fut moins étonnée par ces curiosités qu'elle ne l'avait été par la petite sarigue américaine dont le mode de reproduction avait tant fait couler d'encre.

La sarigue de Cuvier

La présence des fossiles intriguait le monde scientifique depuis longtemps quand, en 1805, Georges Cuvier (89) découvrit les restes d'un animal curieux, conservés dans le gypse provenant des carrières de « pierre à plâtre » de Montmartre. Ce qui en émergeait, avant l'extraction complète du fossile, évoquait l'anatomie d'une sarigue ! Devant l'incrédulité de ses contemporains, Cuvier postula publiquement qu'il mettrait à jour, au fur et à mesure qu'il dégagerait le fossile de sa gangue, les deux os marsupiaux, os plats et longs attachés au bassin. On savait à l'époque que ces deux os, qui soutiennent la poche marsupiale, étaient propres à ce groupe d'animaux et qu'ils n'existaient pas chez les autres mammifères. La prévision fut exacte, ce qui renforça considérablement la célébrité de Cuvier, considéré à juste titre comme le fondateur de l'anatomie comparée. Georges Cuvier formula le principe de corrélation des formes, postulant que si l'on possédait un élément appartenant à un animal (en particulier les dents) on pouvait reconstituer le reste de son corps. Cette découverte d'une sarigue, ajoutée à celles de fossiles de crocodiles contenus dans les mêmes sédiments, montrait clairement que la région parisienne avait connu d'autres climats, en particulier tropicaux, au cours de son passé. Cela obligea les scientifiques de l'époque à modifier les scénarios expliquant l'histoire du monde. Rappelons que Cuvier était « fixiste », c'est-à-dire qu'il considérait que les espèces étaient restées telles qu'elles, depuis leur création, et qu'il s'opposait à son contemporain Lamarck (78). Ce dernier pensait que l'anatomie des espèces se transformait lentement afin de s'adapter aux variations de leur milieu. Il faudra attendre 1859, bien après la mort de ces deux naturalistes, pour voir la publication de *L'origine des espèces*, de Darwin (105), théorie basée à la fois sur la compétition et sur la sélection naturelle.

L'origine des Marsupiaux

Les fossiles nous apprennent que ce groupe de mammifères est très ancien, 125 millions d'années, et qu'il a peuplé une grande partie du monde : Amérique du Sud et du Nord, Antarctique, Australie, Asie, et même l'Europe, avec la fameuse sarigue de Cuvier. Pendant une longue période ces petits animaux, qui étaient donc contemporains des dinosaures, vécurent à côté d'une autre lignée de mammifères primitifs d'où sont originaires les mammifères placentaires actuels. Marsupiaux et placentaires, qui vivaient conjointement, dérivent d'un ancêtre commun vieux d'environ 130 millions d'années. Dès la fin de l'ère secondaire et la disparition des dinosaures (environ 65 millions d'années), les mammifères placentaires dominèrent. Il faut croire que la « formule » placentaire était la plus efficace car les marsupiaux s'éteignirent dans une grande partie du monde, à l'exception des régions géographiquement isolées par la mer : Australie, Nouvelle Guinée, Amérique du Sud.

L'Amérique du Sud ne fut complètement isolée de l'Afrique qu'il y a une soixantaine de millions d'années. Depuis cette période, et jusqu'à sa jonction récente avec l'Amérique du Nord, il y environ 2,5 à 3 millions d'années, sa faune initiale évolua à l'écart des autres faunes du monde, à l'exception d'une colonisation limitée par certains Primates et certains rongeurs d'origines africaines. Les marsupiaux qui, à l'origine, constituaient une composante importante de la faune sud-américaine, évoluèrent vers des formes spécialisées dans la prédation. Pendant toute cette longue période d'isolement ils furent, avec les oiseaux coureurs géants *Phororhacos*, les seuls grands prédateurs terrestres d'Amérique du Sud. Les plus gros de ces marsupiaux atteignaient la taille d'un jaguar alors que les plus petites espèces n'étaient pas plus grosses que des rats. Le plus spectaculaire d'entre eux est le *Thylacosmilus atrox*, version marsupiale des tigres à dents de sabre (placentaires proches des félins actuels) qui vivaient à la même époque en Europe et en Amérique du Nord.

Lorsque les deux Amériques furent connectées, via les terres émergentes d'Amérique centrale, de nombreux mammifères arrivés du nord envahirent le continent sud, supplantant beaucoup de groupes endémiques qui disparurent. Des six grandes lignées de marsupiaux qui vivaient à l'époque en Amérique du Sud, il ne reste plus que celle des Didelphidés, ainsi que quelques petites espèces inféodées aux Andes. Les Didelphidés actuels, émergés de l'une des branches de ces marsupiaux anciens, ont vraisemblablement bénéficié des bouleversements écologiques consécutifs à la réunion des deux Amériques pour occuper certaines niches. En témoigne le succès écologique de l'opossum de Virginie (*Didelphis virginiana*) qui a envahi le continent Nord jusqu'au Canada. Néanmoins la faune marsupiale sud-américaine actuelle est relativement uniforme (trois familles et 19 genres), comparée à celle de l'Australie et des îles proches qui comptent 15 familles et 64 genres.

Contrairement à l'Amérique du Sud, l'Australie et la Nouvelle Guinée sont restées isolées de l'Asie, ce qui les a protégées de la concurrence des mammifères placentaires terrestres pouvant arriver de l'Ancien Monde. Pendant les divers épisodes glaciaires du quaternaire, le niveau des mers baissa de près de 120 mètres, reliant les îles indonésiennes au continent asiatique ; mais un profond fossé continua d'isoler ces îles indonésiennes de l'Australie et de la Nouvelle Guinée. C'est le naturaliste britannique Alfred Russel Wallace (109), contemporain de Darwin qui le premier, en 1859, mit en évidence les particularités faunistiques de cette région : quelques îles proches de la « ligne wallace » - ainsi nommée en l'honneur de son découvreur - ont été colonisées, à l'Ouest, par quelques marsupiaux, et à l'est par quelques mammifères placentaires.

Quand la sarigue est découverte elle est d'abord rangée avec les putois et les renards puisqu'elle peut s'attaquer à des petites proies comme les oiseaux, que ses dents sont nombreuses et pointues, et qu'elle exhale une forte odeur. Le nombre de ses dents importe peu, tout comme la présence d'une poche marsupiale, considérée comme une fantaisie de la nature. Pierre Barrère (57), médecin du roi à Cayenne, puis professeur à Perpignan, publie en 1741, sous l'autorité de l'Académie des Sciences, le *Dénombrement des Plantes, des Animaux & des Minéraux de la Guyane*... Il y place la sarigue sous le nom scientifique de *VULPES, putoria, cauda tereti & glabrâ,* que l'on peut traduire par « RENARD putois à queue ronde et glabre » (la nomenclature binominale, comportant un seul nom pour le genre, et un seul nom pour l'espèce, n'était pas encore adoptée à cette époque). La position relative de cette espèce, par rapport aux autres espèces recensées en Guyane, importe peu à l'auteur puisqu'il se contente de ranger dans un même chapitre, par ordre alphabétique, tous les organismes faisant partie des quadrupèdes et reptiles. On trouve donc, dans la même liste, se succéder agoutis, crocodiles, grenouilles, serpents, singes, tortues, vulpes (la sarigue), etc. Soulignons que dans cet ouvrage les chauves-souris sont classées parmi les oiseaux, et les dauphins et lamantins parmi les poissons !

En 1748, dans sa sixième édition du *Systema Naturae*, Linné (64) place les sarigues dans son Ordre n°IV des Glires, qui englobe également rongeurs, lièvres, musaraignes, etc. Mais plus tard, en 1770, ce même auteur bouleverse son ancienne classification et place les sarigues à côté des carnivores et des insectivores. Quelques années plus tard, en 1792, Vicq-d'Azyr (81) crée un groupe particulier, les « Boursons » (c'est-à-dire ceux qui portent une bourse sous le ventre), qu'il place parmi les Primates, justifiant cette position par le fait que ces animaux ont le pouce du pied opposable aux autres doigts. Mais Cuvier replace les marsupiaux à côté des insectivores et des carnivores. A partir de la découverte de l'Australie et de sa faune, par Cook en 1779, les nouvelles espèces de marsupiaux s'accumulent dans les musées, montrant la diversité et l'originalité de ce groupe. Il faut attendre 1839 pour que Blainville (94) divise la Classe des mammifères en trois sous-classes : MONODELPHES (littéralement *un seul utérus*, soit les placentaires actuels), DIDELPHES (littéralement *deux utérus*, soit les marsupiaux), et ORNITHODELPHES (littéralement *utérus d'oiseau*, soit les ornithorynques et échidnés). Cette division a toujours cours dans la systématique actuelle.

Quelques éléments sur la biologie des sarigues

Que penser de mammifères possédant un cloaque, dans lequel débouchent la vessie, l'intestin, et un double vagin ? Comme tous les vertébrés, les marsupiaux sont organisés de façon symétrique bilatérale et certains de leurs organes sont pairs alors qu'ils ont déjà fusionné en un seul organe impair chez les mammifères placentaires. Ils possèdent deux ovaires, deux utérus (qui, cependant, se soudent et communiquent entre eux dans leur partie médiane, formant un cul-de-sac) et deux vagins qui se réunissent au niveau du cloaque. Chez le mâle, le long pénis bifide, en forme de Y, n'émerge du cloaque qu'au moment de la copulation. Mais les deux testicules sont externes, contenus dans un scrotum impair situé en avant de l'ouverture du cloaque. Ces caractères archaïques, qui rappellent, pour certains aspects, l'anatomie des oiseaux et des reptiles, sont hérités des ancêtres communs des premiers mammifères de l'ère secondaire.

L'accouplement, qui a pu être observé en captivité sur l'espèce arboricole *Caluromys philander*, est très particulier. En temps ordinaire, mâle et femelle sont solitaires, évitant les contacts, mais, au moment de l'œstrus, la femelle émet des phéromones qui attirent les mâles des alentours. Ces derniers la suivent, s'en approchent, et les plus vigoureux chassent généralement les concurrents au cours de bagarres. Quand la femelle est prête à accepter le contact d'un mâle, les deux partenaires se lèchent mutuellement, puis se pendent à la branche par l'extrémité de leur queue. Assez rapidement le mâle lâche le support, ne se tenant plus qu'après le corps et la queue de la femelle, qui est toujours pendue, pour se livrer à une copulation de 10 à 15 secondes. Les deux partenaires remontent alors sur la branche, reprennent leur léchage mutuel, puis se pendent à nouveau pour recommencer une brève copulation, et ainsi de suite. Il faut parfois attendre une quarantaine de ces séquences comportementales avant que n'ait lieu une copulation finale plus longue, se prolongeant cette fois-ci près d'une minutes. Les études génétiques montrent que, pour une même portée, la paternité est souvent partagée par plusieurs mâles et que, dans un même secteur, un mâle peut couvrir plusieurs femelles.

La gestation est courte, de 13 à 14 jours, et il n'y a pas de véritable placenta. Pendant les dix premiers jours les jeunes embryons forment des petites sphères qui baignent dans le liquide utérin. C'est alors que certains tissus externes (trophoblaste) élaborent un rudiment de placenta qui va se développer au contact de la paroi utérine. Mais il n'existe pas d'équivalence de la partie maternelle du placenta, si bien que les échanges sont faibles et de courte durée, la parturition ayant lieu trois ou quatre jours après ce stade. Les nouveau-nés ne transitent pas par les vagins, mais par un pseudo-conduit impair, situé entre le cul-de-sac utérin et le cloaque, constitué par un tissu conjonctif dont les cellules se désolidarisent au moment de la parturition. Les larves se fraient un passage au travers de ce tissu devenu provisoirement mou, débouchent dans le cloaque, émergent à l'extérieur, puis cherchent à gagner la poche marsupiale en suivant les traces de salive laissées par la mère qui s'est léchée. Il y a entre sept et 13 mamelles, selon les espèces, mais toutes ne sont pas forcément fonctionnelles. Les premiers arrivés se fixent rapidement à une mamelle et les individus surnuméraires, qui peuvent dépasser la dizaine, périssent. A noter que chez certains Didelphidés (*Marmosa*, *Marmosops*, *Metachirus,* etc.) la poche marsupiale a secondairement disparu (voir photo du *Marmosa*). Dans ce cas, les jeunes sont directement exposés sous le ventre de leur mère, sans protection, accrochés à la mamelle. Les nouveau-nés sont nus, leurs yeux et leurs oreilles ne sont pas encore formés, mais leur olfaction est déjà fonctionnelle. Leurs pattes antérieures ont subi un développement précoce permettant de ramper, le tube digestif est déjà fonctionnel, tout comme un lobe des poumons ainsi que la partie primitive des reins. Le lait est injecté à petite dose par la mère, grâce à des muscles spéciaux situés dans les glandes mammaires. La tétine pénètre profondément dans la gorge, elle grandira au fur et à mesure de la croissance des jeunes et ne sera lâchée qu'après environ deux mois. Le larynx des larves est allongé jusque dans la partie arrière des narines, permettant à la fois déglutition et respiration.

Le poids du nouveau-né est d'environ 0,1 gramme, mais un jeune quatre-yeux peut voir, en deux mois, son poids multiplié par 100 à 200 ! Après ce laps de temps passé dans la poche, les petits lâchent leur tétine et vont s'agripper au dos et aux flancs de la mère, ou bien retourner dans la poche. La mère les dépose alors dans un nid où, pendant la nuit, ils restent entassés les uns sur les autres pendant qu'elle circule, en quête de nourriture. Le nid est rudimentaire, aménagé dans une cavité quelconque où la mère apporte quelques débris végétaux. Elle transporte ce matériel en le tenant en une sorte de petit bouquet enroulé à l'extrémité de sa queue. Au bout de quelques jours les petits commencent à s'aventurer autour du nid, conservant néanmoins leur comportement grégaire ; mais après une à deux semaines ils se dispersent et deviennent indépendants et autonomes. Ils ne pèsent alors qu'environ 10 à 20% du poids de l'adulte et sont très vulnérables, pouvant même être dévorés par des individus de leur propre espèce ! Le comportement maternel des Didelphidés est donc assez fruste. Il semblerait que la mère soit incapable de reconnaître ses propres jeunes et, pendant la courte phase nidicole, elle peut accidentellement récupérer un jeune appartenant à une autre portée. Si l'on maintient ces animaux en captivité et que l'on fait cohabiter dans la même cage une mère et ses jeunes après le stade de dispersion, on peut assister à des comportements aberrants. Par exemple les petits s'attaquent à l'extrémité de la queue de leur mère qui se laisse dévorer sans réagir (*Caluromys philander*). Dans d'autres cas (*Didelphis marsupialis*) les jeunes maintenus en groupe, alors qu'ils devraient normalement commencer à se disperser dans la nature, s'attaquent à l'un des leurs qu'ils dévorent presqu'entièrement.

D'une façon générale les comportements sociaux des marsupiaux Didelphidés sont rudimentaires, se rapprochant davantage de ceux des reptiles que de ceux des mammifères placentaires. Les diverses expériences faites en laboratoire ont montré qu'ils pouvaient distinguer leur propre odeur de celle d'un autre individu et qu'ils savaient également discriminer celles des mâles et des femelles. Mais aucune expérience n'a pu démontrer qu'ils étaient capables de reconnaître individuellement certains de leurs congénères. Il n'existe pas de territoire à proprement parler (c'est-à-dire une zone signalée aux congénères, et dont l'accès est défendu). Plusieurs mâles et plusieurs femelles adultes circulent dans la même zone, ne s'agressant les uns les autres que lorsqu'ils se retrouvent devant une même ressource alimentaire. Au cours du temps, ils peuvent changer de secteur, progressivement, par une lente dérive, ou bien parfois brutalement en une seule nuit.

Tous les Didelphidés sont prédateurs et leur denture est adaptée à ce régime. Cependant, les plus grosses espèces consomment également des fruits et des nectars, en complément de leur régime insectivore et/ou carné. Ce sont des généralistes qui peuvent s'accommoder de nombreuses sortes de nourriture, y compris les charognes. Mais en aucun cas ils ne se nourrissent de racines ou de canne à sucre, comme les anciens auteurs l'ont écrit jusqu'au XIXe siècle. A part quelques exceptions, ils sont bâtis sur le même modèle anatomique, ne différant essentiellement que par la taille et le poids (10 à 1500 grammes), ce qui contribue à les échelonner écologiquement. Il faut préciser que ces poids ne sont que des ordres de grandeur, et seulement valables pour les adultes. Leurs valeurs sont largement étagées, depuis les jeunes, sevrés à un poids dix fois inférieur à celui de la mère, jusqu'aux adultes dont la croissance se poursuit légèrement tout au long de la vie.

Outre ces gradients de taille, quelques spécialisations peuvent différencier certains genres. Par exemple le yapock *Chironectes minimus*, seul marsupial aquatique, se nourrit de petits poissons et d'invertébrés aquatiques qu'il pêche dans les ruisseaux forestiers. Il est d'ailleurs adapté à ce mode de vie, ses pattes arrière sont palmées, ses yeux sont en position assez haute et son pelage épais rappelle un peu celui des loutres. Les autres espèces sont toutes forestières mais certaines d'entre elles sont plus arboricoles (*Caluromys*) alors que d'autres sont plus terrestres (*Metachirus*, *Monodelphis*, *Gracilinanus*). Les autres sont à la fois terrestres et arboricoles et tous les Didelphidés ont le pouce de la patte arrière opposable, marque de l'arboricolisme. Les autres marsupiaux portent également ce caractère, au moins pendant leur phase embryonnaire (par exemple les kangourous).

Les Didelphidés sont prolifiques. La poche marsupiale héberge ordinairement cinq à huit petits et chaque femelle fait couramment deux portées par an. Cependant la mortalité est forte, principalement chez les jeunes individus venant d'être sevrés, et la durée de vie des adultes est de l'ordre de un à trois ans dans la nature, selon la taille des espèces. Phénomène curieux, lorsque les ressources alimentaires commencent à se raréfier, les femelles allaitantes arrêtent de produire du lait, si bien que leurs jeunes maigrissent et s'étiolent dans la poche, finissant par mourir. Cette sorte « d'avortement » spontané permet à la mère de survivre et d'attendre le retour de conditions plus favorables pour mettre au monde une nouvelle portée.

Les prédateurs des Didelphidés sont nombreux : serpents, carnivores, rapaces nocturnes etc. Surpris par n'importe quel phénomène insolite ils s'immobilisent, puis menacent de mordre, en soufflant et grognant si le danger est tout proche. Quand ils le peuvent, ils s'enfuient et se cachent dans le premier abri disponible. Nous avons observé un *Didelphis* s'immobiliser devant le faisceau lumineux d'un projecteur qui avait été braqué sur lui, puis rester immobile, figé dans sa position initiale pendant plus d'une heure, jusqu'à l'extinction du projecteur. Les comportements semblent donc assez stéréotypés et en quelque sorte « programmés » pour répondre à certaines situations. On n'apprivoise pas un Didelphidé, même élevé tout jeune, comme on peut le faire avec de nombreux mammifères placentaires. Tout au plus peut-on l'habituer à la présence humaine et lui faire accepter d'être manipulé. Il ne s'attache pas à son éleveur et, dès le sevrage, devient rapidement indifférent. Les Didelphidés ont manifestement peu évolué au cours des temps géologiques et il est vraisemblable que leurs comportements sont assez proches de ce que pouvaient être ceux des premiers ancêtres mammaliens du Jurassique.

Sous-bois de forêt primaire, Guyane

II.
Les vampires

Les chauves-souris n'ont jamais bénéficié d'une bonne réputation en Europe, bien au contraire. Cela est probablement dû à leur statut « hybride », entre oiseaux et mammifères, et au fait qu'elles ne soient actives que pendant la nuit. Le mot chauve-souris dériverait, parait-il, de Kaw, ou Chaw (chouette en vieux français) et souris, en quelque sorte la « chouette-souris », devenue « chauve » par altération du mot ! Il existe de très nombreux vocables français pour désigner ces animaux, tels que *ratapenade, rataplana, ratavolagi,* etc. (rat empenné, ou volant), *fledermaus* en allemand (souris voletante), *bat* en anglais, *pipistrello* en italien, *murciélago* en espagnol (dérivant de *mus* et c*iego*, c'est-à-dire souris aveugle), etc. Lorsque les premiers conquistadors espagnols commencèrent à s'établir dans leurs nouveaux territoires d'Amérique tropicale, ils trouvèrent une faune de chiroptères beaucoup plus diversifiée et bien plus abondante que celle d'Europe, dont certaines espèces d'assez grande taille. Ils constatèrent également qu'hommes et bétail étaient souvent victimes de morsures de chauves-souris pendant la nuit.

Nous savons aujourd'hui qu'il n'existe au monde que trois espèces de vampires, toutes strictement inféodées à l'Amérique tropicale et subtropicale. Une seule d'entre elles, le vampire commun *Desmodus rotundus*, est susceptible de s'attaquer à l'Homme, les deux autres recherchant principalement les oiseaux de grande taille. Grâce à leurs incisives tranchantes, les vampires infligent une blessure de quelques millimètres carrés, très superficielle, atteignant les premiers capillaires de la couche dermique, ce qui réveille rarement la victime. Ils lèchent alors le sang qui s'écoule, et leur salive, qui contient une substance anticoagulante (la draculine !), empêche la coagulation pendant les dix à vingt minutes que dure cette opération. Un individu peut faire deux repas dans une nuit et prélever une quinzaine de millilitres de sang à chacun d'entre eux (voir encart). Les études récentes montrent que le vampire commun prolifère là où il y a concentration de bétail, qu'il s'attaque aussi bien aux hommes qu'aux animaux, et qu'il peut transmettre le virus de la rage. Toutes ces conditions étaient donc réunies lors de l'établissement des premières colonies espagnoles, et c'est sans doute pour cette raison que les côtes du Panama furent provisoirement abandonnées après une première tentative infructueuse. Pierre Martyr (6), contemporain des conquistadors, relate que :

> « Dans beaucoup d'endroits, des chauves souris aussi grosses que des tourterelles voltigeaient à l'entour des Espagnols, aux premières obscurités du crépuscule, et, pleines de fureur, les mordaient si cruellement qu'ils en devenaient enragés, et étaient obligés de leur céder la place, comme si c'eût été des harpies. »

Beaucoup plus tard, La Condamine (60), après son célèbre voyage en Amérique du Sud (entre 1735 et 1745), s'appuyant sur ses propres observations et sur les écrits des premiers voyageurs confirme :

> « ... elles ont entièrement détruit à Borja (*Panama*), et en divers autres endroits, le gros bétail que les missionnaires y avoient introduit, et qui commencoit à s'y multiplier. »

Les nombreuses chauves-souris frugivores, souvent de grande taille, les plus visibles et les plus remarquables, furent accusées de sucer le sang des hommes et des animaux (ici, un *Artibeus lituratus* volant en sous-bois).

Il existe plus de 300 espèces de chauves-souris en Amérique tropicale, et chaque région forestière en héberge entre 80 et 110 espèces (102 en Guyane française). Leur capture est difficile et leur identification pratiquement impossible pour le non-spécialiste. Rien d'étonnant que les premiers Européens les aient confondues et qu'ils les aient toutes rendues responsables de ces attaques, en particulier les plus grosses, qui sont également les plus nombreuses et les plus visibles. En fait, la majorité des grosses espèces sont frugivores ; les autres (en dehors des trois espèces de vampires), de tailles diverses, consomment des fruits, des nectars, des insectes, ou bien d'autres petites proies.

Dans les régions sans élevages, le vampire commun se maintient à des densités relativement faibles et, dans ces conditions, les cas de rage sont rares. Quand en 1537 Jean de Léry (18) arrive dans la colonie de « France antarctique », implantée par Villegagnon sur l'actuelle côte du Brésil (baie de Rio), il fait également connaissance des vampires, sans pour autant dramatiser la situation. Il faut préciser que cette petite colonie de Français et de Suisses vivait au contact des Amérindiens Tupinamba avec qui les nouveaux arrivants partageaient beaucoup d'informations, en particulier sur la faune :

> « Il y a toutesfois encores des chauvessouris en ce païs-là, presqu'aussi grandes que nos choucas, lesquelles entrans ordinairement la nuit dans les maisons, si elles trouvent quelqu'un qui dorme les pieds descouverts, s'adressant toujours principalement au gros orteil, elles ne faudront point d'en succer le sang : voire en tirerons quelquefois plus d'un pot sans qu'on en sente rien. Tellement que quand on est resveillé le matin, on est tout esbahi de voir le lict de cotton (*hamac*), & la place auprès toute sanglante : dequoi cependant les Sauvages s'apercevans, soit que cela adviene à un de leur nation, ou à un estranger, ils ne font qu'en rire. Et de fait, moi-mesme ayant esté quelquefois ainsi surprins, outre la moquerie que j'en recevois, encore y avoit-il, que cette extremité tendre au bout du gros orteil estant ofensee (combien que la douleur ne fust pas grande) je ne pouvois de deux ou trois jours me chausser qu'à peine. Ceux de Cumana, coste de terre environ dix degrez au deça de l'Equinoctial, sont pareillement molestez de ces grandes & meschantes Chauvesouris… »

Jean de Léry ajoute à ce récit une anecdote, reprise des décades de Pierre Martyr, concernant le serviteur d'un moine atteint d'une pleurésie et que l'on n'avait pas réussi à saigner, faute de trouver sa veine :

> « … il vint de nuict une Chauvesouris laquelle mordit pres du talon qu'elle trouva descouvert, d'où elle tira tant de sang, que non seulement elle s'en saoula, mais aussi laissant la veine ouverte, il en saillit autant de sang qu'il estoit besoin pour remettre le patient en santé. Surquoi j'adjouste, avec l'historien, que ce fut un plaisant & gracieux Chirurgien pour le pauvre malade. Tellement que nonobstant la nuisance que j'ai dit qu'on reçoit de ces grandes Chauvesouris de l'Amerique, si est-ce que ce dernier exemple monstre, qu'il s'en faut beaucoup qu'elles soyent si dangereuses qu'estoyent ces oiseaux malencontreux, nomez par les Grecs Striges, lesquels, comme dit Ovid […] sucçoyent le sang des enfans au berceau ; à cause dequoi ce nom a été depuis donné aux sorciers. »

Voici donc le constat que l'on peut faire à partir des récits du XVIe siècle : les chauves-souris américaines viennent sucer le sang des hommes et des animaux endormis, sans les réveiller. Dans les zones où il existe des élevages de bétail et des foyers de rage, elles sont considérées comme épouvantables (Panama), alors qu'au Brésil elles ne constituent qu'une gêne. Par ailleurs les voyageurs observent des chauves-souris chassant les insectes, comme en Europe, ou bien consommant des fruits. Ils en déduisent simplement qu'elles diversifient leur alimentation et qu'elles ne se nourrissent pas exclusivement de sang, sans pour autant chercher à en savoir davantage. Bien que plusieurs espèces soient reconnues, elles sont toutes considérées comme hématophages, surtout les plus grosses. Les nombreux récits de cette époque recopient souvent les témoignages des premiers auteurs, rajoutant certains commentaires surprenants, comme quoi, en Amérique comme en Europe, les chauves-souris consomment, outre les petits insectes, le lard pendu aux poutres des cuisines, la viande, cuite ou crue, fraiche ou corrompue, et même les chandelles autour desquelles on les voit tourner ! Ces croyances venaient probablement d'observations de chauves-souris voletant dans les lieux habités pour capturer des insectes, eux-mêmes attirés par la nourriture ou par les lumières. Mais comme toujours, on aime à exagérer les faits et, au fur et à mesure des descriptions, on se plait à décrire des choses effrayantes se produisant dans ces nouvelles contrées.

Le père Joseph Gumilla (56), missionnaire jésuite espagnol ayant séjourné très longtemps dans la région de l'Orénoque, durant la première moitié du XVIIIe siècle, écrit plus tard :

« Les chauve-souris sont encore un fleau si cruel & si funeste, qu'il faut l'avoir éprouvé soi-même, pour le croire. Il y en a de deux sortes, les unes sont de la grosseur de celles que nous voyons en Espagne ; les autres sont si grosses, qu'elles ont trois tiers d'aune (*environ 115 centimètres*) de longueur d'un bout d'une aile à l'autre. Les unes & les autres sont d'adroites sang-suës s'il en fut jamais, qui rodent toute la nuit pour boire le sang des hommes & des bêtes. Si ceux que leur état oblige de dormir par terre, n'ont pas soin de se couvrir depuis les pieds jusqu'à la tête, ce qui est extrêmement incommode dans des païs aussi chauds, ils doivent s'attendre à être piqué de ces Chauve-souris. A l'égard de ceux qui dorment dans les maisons sans Mosquiteros (*moustiquaire*) quand ils n'auroient que le front découvert, ils en sont infailliblement mordus, & si par malheur ces oiseaux leur piquent une veine, comme cela est assez ordinaire, ils passent des bras du sommeil dans ceux de la mort, à cause de la quantité de sang qu'ils perdent sans s'en apperçevoir, tant leur piqeure est subtile ; outre que battant l'air avec leurs aîles, elles rafraîchissent le dormeur à qui elles ont dessein d'ôter la vie. Pour éviter ces sortes d'accidents, les indiens ont coûtume de dormir dans des espéces de filets suspendus en l'air, qu'ils appellent chinchorros. »

La légende des vampires

Il faut attendre 1734, avec la publication du roman d'aventure *Travels of Three English Gentlemen* (55), pour que le terme « vampire » soit popularisé en Europe. Le roman s'inspire des comportements morbides pratiqués par certains sorciers serbes, appelés localement « vampires » (le mot a des origines slaves très lointaines). C'est également à cette époque que l'empire austro-hongrois commence à coloniser ces régions et fait connaître ces pratiques archaïques. Dorénavant, les chauves-souris suceuses de sang sont nommées par Buffon (65) « vampires », par analogie avec ces sorciers des Balkans :

« On trouve aussi dans les pays les plus chauds du nouveau monde un autre quadrupède volant, dont on ne nous a pas transmis le nom américain, et que nous appellerons vampire, parce qu'il suce le sang des hommes et des animaux qui dorment, sans leur causer assez de douleur pour les éveiller. »

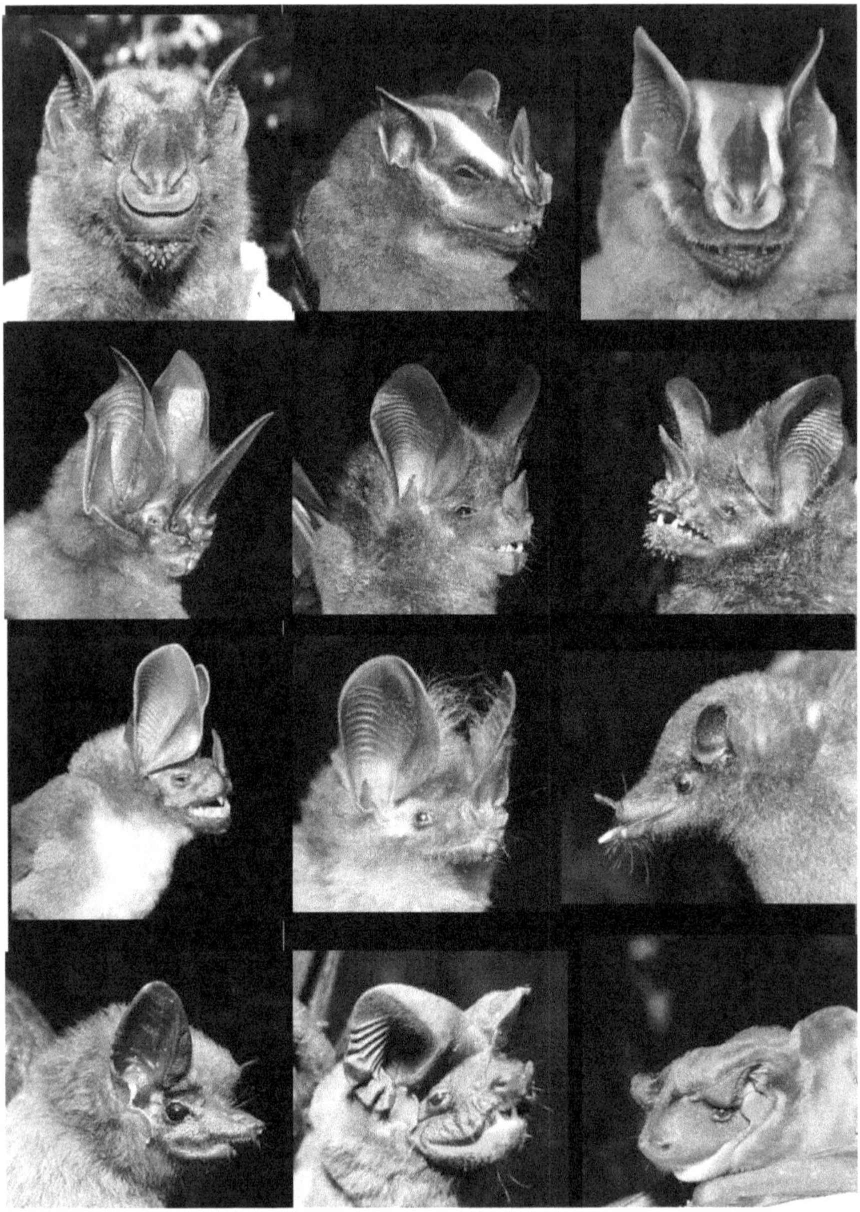

Jusqu'au début du XXe siècle, presque toutes les chauves-souris des régions tropicales américaines étaient considérées comme suçeuses de sang, à tel point, qu'aujourd'hui encore, les villageois de Guyane les appellent toutes « vampires ». Les quelques portraits présentés ici, parmi les 102 espèces de Guyane, montrent à quel point l'anatomie de ces animaux est adaptée à leurs différents modes de vie. Mais le vrai vampire ne figure pas dans ce tableau !

Ne disposant pas de spécimens de collection, et se basant sur un dessin de Seba (51), probablement une chauve-souris frugivore du genre *Carollia*, Buffon poursuit, en 1753 :

« Le vampire, au contraire, a le museau plus allongé ; il a l'aspect hideux comme les plus laides chauve-souris, la tête informe est surmontée de grandes oreilles fort ouvertes et fort droites ; il a le nez contrefait, les narines en entonnoir, avec une membrane au-dessus qui s'élève en forme de corne ou de crête pointue, et qui augmente de beaucoup la difformité de sa face. Ainsi l'on ne peut douter que cette espèce ne soit toute autre que celles de la roussette et de la rougette. Le vampire est aussi malfaisant que difforme ; il inquiète l'homme, le tourmente et détruit les animaux. »

Alors que le réel danger du vampire réside dans le risque de transmission de la rage, cela est totalement ignoré par Buffon et ses contemporains. Seul le fait de prélever du sang est mis en exergue, et considérablement exagéré, jusqu'à prétendre qu'il présenterait un risque mortel pour l'Homme. La chose est d'autant plus surprenante qu'à la même époque les médecins soignaient beaucoup par la saignée !

Après Buffon, toutes les chauves-souris d'Amérique tropicale sont appelées vampires. Linné (64), le célèbre créateur de la nomenclature scientifique moderne, n'avait, jusque-là, reconnu parmi toutes les chauves-souris collectées en Amérique qu'un seul genre, *Vespertillio*. Mais avec les découvertes croissantes du XIXe siècle, les zoologistes vont créer des nouveaux genres de chiroptères, presque tous dérivés du mot vampire : *Vampyrella, Vampyressa, Vampyri, Vampyrina, Vampyriscus, Vampyrodes, Vampyrops, Vampyrus, Vampyrum*. Certains de ces noms, tombés en synonymie, disparaîtront de la nomenclature moderne, mais cinq d'entre eux sont toujours valides. Curieusement, quatre s'appliquent à des petites espèces strictement frugivores. Quant au cinquième, *Vampyrum*, créé en 1815, il concerne la plus grande chauve-souris américaine, qui est carnivore et chasse des petits vertébrés (oiseaux, lézards, petits mammifères, etc.). D'abord appelé vampire sangsue (*Vampyrum sanguisuga*), son nom d'espèce actuel (*spectrum*), renforce le côté supposé effrayant de l'animal.

Pourtant, dès 1796, le naturaliste espagnol Felix D'Azara (80) décrivait les vampires du Paraguay avec suffisamment de détails pour que, à la lumière des connaissances actuelles, nous puissions reconnaître la validité de ses observations et affirmer qu'il s'agissait bien du vrai vampire *Desmodus rotundus* :

> « Mais elles diffèrent de toutes les autres Chauve-Souris, en ce que, posées à terre, elles y courent presqu'aussi vite qu'un rat, et en ce qu'elles aiment sucer le sang. [...] elles mordent aussi les chevaux, les mulets, les ânes et les bêtes à corne ; d'ordinaire aux fesses, aux épaules ou au cou, parce qu'elles trouvent, dans ces parties, la facilité de s'attacher à la crinière ou à la queue [...] Enfin, l'homme n'est point à l'abri de leurs attaques, et à cet égard, je puis donner un témoignage certain, parce qu'elles ont mordu quatre fois le gros bout de mes doigts de pieds, tandis que je dormois en pleine campagne, dans des cases. Les blessures qu'elles me firent, sans que je les eusse senties, étoient circulaires ou elliptiques, d'une ligne à une ligne et demie (*deux à trois millimètres*) de diamètre ; mais si peu profondes, qu'elles ne percèrent pas entièrement ma peau, et l'on reconnoissoit qu'elles avoient été faites en arrachant une petite bouchée, et non pas en piquant, comme on pouroit le croire. Outre le sang qu'elles sucèrent, je juge que celui qui coula, pouvoit être d'une demi-once (*environ 15 grammes*), [...] En tout elles sont d'une laideur horrible, et semblent offrir un renversement de toutes les règles ; et dans la réalité, peut-on dire autre chose d'animaux qui sont mitoyens entre les oiseaux et les quadrupèdes ! [...] Elles souillent beaucoup les sacristies et les temples, avec leurs excréments noirs et huileux, qui forment quelquefois une croûte de quelques pouces ; pour cette raison et pour d'autres, il seroit utile, en quelque façons, qu'on les exterminât. [...] Buffon décrit bien les Chauve-Souris en général ; mais je dois dire qu'elles volent avec moins d'effort et qu'elles tournent avec plus de facilité qu'il ne se figure. »

Malgré la précision de cette description, le témoignage d'Azara sera considéré comme improbable par les savants européens de son époque, en particulier le fait qu'une chauve-souris puisse « courir comme un rat » !

C'est le prince Maximilien de Neu-Wied (95), zoologiste allemand qui, en 1824, décrira le vrai vampire sous le nom de genre *Desmodus* ; dénomination faisant allusion au démon et donc au caractère satanique de l'animal. Mais *Desmodus* sera considéré pendant près d'un siècle comme un suceur de sang supplémentaire, au même titre que de nombreuses autres espèces de chauves-souris vivant dans les régions d'Amérique tropicale. S'ensuivit une confusion, d'autant plus grande que certaines espèces nouvellement créées n'étaient parfois décrites que de façon assez approximative. En outre, il n'était pas facile, à cette époque, de voyager en Europe et en Amérique pour aller comparer les spécimens conservés dans les diverses collections.

La question de savoir comment et avec quel organe le vampire pouvait saigner ses victimes sans les réveiller, allait orienter les scientifiques vers une autre voie.

La langue du vampire

Les récits de vampires ne faisaient que conforter les anciennes légendes de l'Antiquité, parlant de harpies et de striges suçant le sang des enfants au berceau, et de chauves-souris géantes rodant autour des campements et s'attaquant aux hommes. Pour ce dernier point, rapporté par les historiens grecs, il s'agissait probablement des grands mégachiroptères frugivores du genre *Pteropus* que les armées d'Alexandre le Grand avaient dû rencontrer en Asie et dont la forte taille avait dû impressionner les soldats. Peu après le milieu du XVIIIe siècle, le fait que les vampires soient strictement inféodés à l'Amérique tropicale n'était pas encore établi de façon certaine, et Buffon écrivait en 1753 :

> « Les voyageurs de l'Asie et de l'Afrique qui font mention de la roussette ou de la rougette, ne parlent pas de ce fait singulier (*hématophagie*) ; néanmoins leur silence ne fait pas une preuve complète, sur-tout y ayant tant de conformité et tant d'autres ressemblances entre les roussettes et ces grandes chauve-souris que nous avons appelées vampires : nous avons donc cru devoir examiner comment il est possible que ces animaux puissent sucer le sang sans causer en même temps une douleur au moins assez sensible pour éveiller une personne endormie. S'ils entamoient la chair avec leurs dents, qui sont très-fortes et grosses comme celles des autres quadrupèdes de leur taille, l'homme le plus profondément endormi, et les animaux sur-tout, dont le sommeil est plus léger que celui de l'homme, seroient brusquement réveillés par la douleur de cette morsure ; il en est de même des blessures qu'ils pourroient faire avec leurs ongles : ce n'est donc qu'avec la langue qu'ils peuvent faire des ouvertures assez subtiles dans la peau pour en tirer du sang et ouvrir les veines sans causer une vive douleur. Nous n'avons pas été à portée de voir la langue du vampire ; mais celle des roussettes, que M. Daubenton a

examinée avec soin, semble indiquer la possibilité du fait : cette langue est pointue et hérissée de papilles dures très-fines, très-aiguës et dirigées en arrière ; ces pointes, qui sont très-fines, peuvent s'insinuer dans les pores de la peau, les élargir, et pénétrer assez avant pour que le sang obéisse à la succion continuelle de la langue. Mais c'est assez raisonner sur ce fait dont toutes les circonstances ne sont pas bien connues, et dont quelques unes sont peut-être exagérées ou mal rendues par les écrivains qui nous les ont transmises. »

Il faut savoir que les chauves-souris nectarivores, autant celles de l'Ancien Monde que celles vivant en Amérique, ont une langue assez longue, pourvue de papilles cornées formant une sorte de petite brosse. C'est à l'aide de cet organe qu'elles collectent nectars et pollens en visitant les fleurs qu'elles exploitent.

Buffon ignorait cela, et il restait prudent, rappelant que son hypothèse n'était pas encore démontrée. Mais les écrits des grands hommes sont souvent tenus pour paroles d'évangile. Monsieur de Saint-Laurent, correspondant de Buffon dans les Amériques allait en toute bonne foi faire des observations (dont on ne connait pas le détail) confortant cette hypothèse. Non sans fausse modestie, Buffon constatait que ses premières suppositions avaient été bien fondées :

« M. Roume de Saint-Laurent nous a écrit de Grenade, en date du 18 avril 1778, au sujet de la grande chauve-souris ou vampire de l'Ile de la Trinité. Les remarques de ce judicieux observateur confirment tout ce que nous avions dit et pensé d'abord sur les blessures que fait le vampire, et sur la manière particulière dont il suce le sang, et dont se fait l'excoriation de la peau dans ces blessures. J'en avais, pour ainsi dire, deviné la mécanique : cependant, l'amour de la vérité et l'attention scrupuleuse à rapporter tout ce qui peut servir à l'éclaircir m'avaient porté à donner à ce sujet des témoignages qui semblaient contredire mon opinion ; mais j'ai vu qu'elle était bien fondée, et que MM. De Saint-Laurent et Gauthier ont observé tout ce que j'avais présumé sur la manière dont ces animaux font des plaies sans douleur, et peuvent sucer le sang jusqu'à épuiser le corps d'un homme ou d'un animal, et les faire mourir. »

Un autre correspondant de Buffon, Monsieur de la Nux, résidant de l'île Bourbon (Réunion), lui avait pourtant envoyé en 1772 une description précise de la biologie et des habitudes alimentaires des roussettes et rougettes (*Pteropus*). Ces informations, que Buffon publiera un peu plus tard, précisaient pourtant que les roussettes et les rougettes se nourrissaient exclusivement de fruits et de fleurs, qu'elles n'étaient absolument pas agressives, et que…

> « … elles font pleuvoir à terre les étamines nombreuses de ces fleurs, & il est très probable que c'est pour la succion du nectarcum des fleurs à ombelles, peut-être encore de nombre d'autres fleurs de genres différens, que leur langue est telle que l'apprend l'exacte & savante description qu'en a donné M. Daubenton. »

Ce témoignage ne va pourtant pas ôter de l'esprit de Buffon que les vampires d'Amérique se servent de leur langue pour atteindre les vaisseaux sanguins. Il n'y avait donc plus de doute sur le fait et, pendant plus d'un siècle, aucun savant n'osera contredire le « Pline français », comme certains qualifiaient Buffon. Il faut dire que la zoologie du XIXe siècle et du début du XXe fut principalement orientée vers l'anatomie comparée et la systématique, conduisant les scientifiques à rester cantonnés dans leurs laboratoires.

S'inspirant des ouvrages de son époque, voici comment, en 1887, le journaliste aventurier Jules Gros (104) décrivait les méfaits du vampire dans *Les Français en Guyane*, ouvrage adopté par le ministère de l'Instruction publique pour les bibliothèques scolaires :

> « Nous terminerons ce chapitre en disant un mot sur le plus terrible ennemi que les hommes puissent rencontrer dans les bois de la Guyane. C'est le Vampire.
>
> On appelle ainsi une grosse chauve-souris d'un brun sombre, presque noire, un peu claire sous le ventre. Ce monstre est muni de larges ailes de peau dentelée, dont il se sert autant comme parachute que comme organe de locomotion.
>
> La nuit, quand les animaux ou les hommes dorment en plein air, soit sur le sol, soit dans un hamac, le vorace animal se laisse tomber sans bruit sur sa proie ; il s'approche du cou de la victime et, agitant ses ailes velues, entoure son visage d'une sorte de douce ventilation. Alors commence l'œuvre mortelle. Le vampire déploye une très longue langue, portant à son extrémité huit suçoirs aigus ranges en cercle. Au centre se montre une autre végétation plus saillante et terminée en pointe comme une lancette de chirurgien.
>
> Ce repoussant appareil, après s'être recourbé en tous sens, se colle tout à coup sur la gorge du dormeur et les neuf appareils entrent en exercice, semblables aux ventouses scarifiées dont on se sert dans les hôpitaux.

Le sang de la victime est absorbé à flots sans qu'elle se réveille, car pendant la succion le vampire n'a pas cessé d'agiter ses ailes et d'épaissir ainsi le sommeil du dormeur qui passe de vie à trépas. »

On atteint ici le summum de l'élucubration. Cependant, à partir du XIXe siècle, les faits scientifiques s'accumulent, le rationalisme s'affirme, les faunes tropicales sont de mieux en mieux connues, et les scientifiques deviennent plus prudents. Pratiquement tous les genres et une bonne partie des espèces de chiroptères vont être répertoriés au cours de ce siècle, et leur anatomie minutieusement décrite. Les scientifiques deviennent plus circonspects mais, faute de données objectives sur le comportement des chiroptères, ils restent dans un certain flou, tout en minimisant de plus en plus les dangers présentés par le vampire. Mais toutes les chauves-souris américaines à feuille nasale (l'immense groupe des phyllostomidés) sont encore considérées comme capables de consommer du sang, en particulier la plus grande d'entre elles, *Vampyrum spectrum* (pourtant non hématophage). Initialement décrite comme *Vespertillio spectrum* par Linné (64) en 1758, puis *Vampyrum sanguisuga* par Geoffroy Saint Hilaire (90) en 1815, elle deviendra l'actuel *Vampyrum spectrum.* Voici ce qu'en disent les différents dictionnaires de l'époque.

Dictionnaire Pittoresque d'Histoire Naturelle et des Phénomènes de la Nature (121), en 1839 :

« On rapporte qu'il s'approche pendant la nuit des hommes et des animaux endormis, et qu'en léchant la peau il leur fait des plaies, dont il suce le sang ; on ajoute, mais cela paraît peu probable, qu'il peut ainsi causer la mort. »

Dictionnaire Universel d'Histoire Naturelle (122), en 1848 :

« On l'a accusé de faire périr les hommes et les animaux en suçant leur sang ; mais ce fait est peu probable : les plaies qu'il occasionne sont très petites et ne doivent pas être bien dangereuses, à moins qu'elles ne soient envenimées par le climat. »

Beeton's Dictionary of Natural History (124), en 1871 :

« La plus terrible de toutes les chauves-souris est celle qui a mérité le titre de Vampyre, (Phyllostomus spectrum). Comme le rhinolophe, elle possède une crête nasale ; les canines sont grandes [...] certaines sont si grandes qu'elles atteignent deux pieds et demis (*80 centimètres*) d'envergure. Un léger doute persiste sur le fait que leur nourriture favorite soit le sang ; mais les récits des anciens naturalistes, attestent qu'elles attaquent les hommes pendant leur sommeil, 'ouvrant une artère et suçant le sang, berçant leur victime en les éventant de leurs larges ailes, ceci jusqu'à ce que la fontaine de vie soit épuisée' ; récits, pour le moins, sujet à discussion [...] La personne qu'il s'apprête à attaquer est dans un profond sommeil. Le vampire se pose généralement vers les pieds et, tout en continuant de battre l'air de ses énormes ailes, ce qui apporte de la fraicheur, il mord l'extrémité du gros orteil, emportant un morceau si petit que la blessure contiendrait à peine la tête d'une épingle, ce qui n'est pas douloureux ; il continue alors à sucer le sang jusqu'à en dégorger. Darwin, Swainson et Waterson sont d'accords sur le fait que cette chauve-souris est dangereuse pour la vie... »

Dictionnaire Général des Sciences Théoriques et Appliquées (123), en 1870, puis rééditions suivantes, jusqu'aux années 1900 :

> « La réputation de mœurs sanguinaires qu'on lui a faite, et qui a engendré tant de fables, est probablement due à son aspect hideux et à ce qu'il a des dents canines fortes comme celles des carnivores ; ainsi ' on l'a accusé, dit Cuvier, de faire périr les hommes et les animaux en suçant leur sang '; mais il se borne à faire des plaies très petites, qui peuvent quelquefois être envenimées par la chaleur du climat. On le trouve dans l'Amérique méridionale. »

L'envenimation des plaies, attribuée à la « chaleur du climat » paraît être le seul danger ; pourtant, dès 1865 Pasteur avait mis en évidence et démontré le rôle joué par les germes et les virus dans le développement des maladies ! Rien n'est dit sur la transmission de la rage qui, jusqu'à l'avènement de la vaccination antirabique, continuera de tuer des centaines de milliers de têtes de bétail en Amérique tropicale. Il faut apparemment un certain laps de temps pour que les découvertes scientifiques soient reconnues et qu'elles fassent leur apparition dans les dictionnaires.

Ce ne sera qu'en 1936 que *Vampyrum spectrum* sera définitivement mis hors de cause dans les attaques du bétail et de l'Homme. Pour éviter toute confusion avec le vrai vampire (*Desmodus*), il sera désormais appelé « faux vampire », et plus souvent « *chauve-souris spectre* », ce qui évite de le confondre avec un autre groupe de « faux vampires » d'Afrique et d'Asie (du genre *Megaderma*), eux aussi initialement pris à tort pour hématophages.

Vampire commun *Desmodus rotundus*. Remarquer 1- les longs pouces servant à la marche quadrupède, 2- les oreilles larges et mobiles adaptées autant à la réception des ultrasons qu'à l'écoute des bruits émis par ses proies, 3- la feuille nasale contournée, impliquée à la fois dans l'émission des ultrasons du sonar et dans la réception des ondes infrarouges, et 4- la lèvre inférieure fendue, facilitant le passage de la langue quand l'animal lèche le sang.

Au début des années 1900 les élevages extensifs de bovins se développèrent de façon considérable dans toute l'Amérique intertropicale ; mais ils furent très rapidement victimes d'épidémies de rage catastrophiques. Par exemple, au Venezuela, de 1945 à 1966, le cheptel bovin tomba de 20 millions de têtes de bétail à 10-12 millions. Vétérinaires, zootechniciens, chercheurs, se penchèrent sur la question et arrivèrent rapidement à la conclusion que *Desmodus rotundus* était le seul agent responsable de la transmission du virus. En même temps, des études initiées en grande partie par des scientifiques nord-américains, montrèrent que les autres espèces de chauves-souris n'étaient pas hématophages et qu'elles avaient des régimes alimentaires spécialisés, selon les cas, vers la consommation d'insectes, de petits vertébrés, de fruits ou de nectar. Toutes sortes de moyens furent alors utilisés pour tenter de détruire les vampires

Desmodus dont les colonies atteignaient parfois plusieurs centaines d'individus à proximité des concentrations de bétail. Après la première guerre mondiale, la dynamite fut combinée à l'utilisation de gaz toxiques (phosphore, cyanides, etc.) pour les détruire dans leurs gîtes, faisant mourir par la même occasion de nombreuses autres espèces inoffensives. Dans les années 1960, plusieurs milliers de grottes furent ainsi « traitées » dans l'Etat de Rio Grande do Sul, au Brésil et, après la seconde guerre mondiale, l'armée américaine implantée à Trinidad et Tobago utilisa des lance-flammes pour les supprimer.

Actuellement, la vaccination systématique des troupeaux est combinée à une réduction des populations de vampires par utilisation de poisons. Il faut reconnaître que, répétées chaque nuit, les attaques de dizaines de vampires sur un même individu l'affaiblissent au risque de le faire périr, surtout quand il s'agit des veaux et des porcelets. En outre, chez le bétail adulte, les plaies ouvertes, ravivées quotidiennement, sont susceptibles de s'infecter. Actuellement, dans les régions où les populations du vampire commun sont trop abondantes, ils sont détruits par utilisation de poisons : un individu est capturé, enduit d'une pommade contenant une substance hémorragique, puis relâché. De retour au gîte, l'animal est léché par ses congénères qui absorbent également la substance et meurent d'hémorragies intestinales. Un comble pour le vampire ! De nombreuses études ont été menées sur la biologie des vampires, grâce à l'utilisation du radiopistage et des caméras à vision nocturne, révélant des comportements surprenants.

Quelques éléments sur la biologie des vampires

Les vampires sont des chauves-souris de taille moyenne, d'environ 9 centimètres de longueur, 35 centimètres d'envergure, et dont le poids avoisine les 30 grammes (*Desmodus rotundus*). Répartis du Mexique à l'Argentine, ce sont les seuls vertébrés au monde dont le régime alimentaire est strictement hématophage. Ils se dirigent en combinant la vue et le sonar et, contrairement aux autres chiroptères, ils sont discrets et passent le plus souvent inaperçus. Cela explique que les premiers voyageurs aient accusé, à tort, les grandes chauves-souris dont le vol est facilement repérable. Quand le vampire commun a repéré une proie, il se pose à proximité et s'en approche lentement, en marche quadrupède, dressé sur ses pattes postérieures et ses longs pouces émergeant de la pliure de l'aile. Au moindre mouvement, ou bruit de la victime désignée, il s'enfuit à reculons ou sur le côté, pouvant parcourir un mètre en une seconde. Il peut également esquiver un geste brusque en bondissant dans n'importe quelle direction. Contrairement aux autres chauves-souris, il s'envole aisément à partir du sol après avoir fait un petit saut en l'air. Un frémissement de sa proie l'arrête, mais il revient vite à la charge, jusqu'à atteindre une surface de peau facile à inciser : orteils et éventuellement ventre chez les humains, envers des oreilles, garrot, queue, tétines, etc., pour le bétail. Possédant des capteurs d'infrarouges sur le nez, il repère la zone de peau la plus irriguée et la lèche. En prenant appui sur ses incisives inférieures, qui sont crénelées, il applique sa morsure, les incisives supérieures, très affutées, tranchant un petit fragment superficiel de peau de quelques millimètres carrés. La blessure, le plus souvent indolore, ne réveille pas la victime, et la draculine, substance anticoagulante contenue dans la salive du vampire, permet au sang de s'écouler de cette petite plaie, tant qu'elle est léchée. Après en avoir ingurgité une quinzaine de millilitres, soit plus de 40% de son poids corporel, le vampire va se poser à courte distance de sa victime. Alourdi par une telle charge, il a du mal à voler, aussi se met-il à uriner, concentrant la matière nutritive en éliminant l'eau superflue. Il peut éventuellement prendre un second repas, puis retourne à son gîte.

Les vampires sont très sociaux et vivent en communautés basées sur le matriarcat. A leur retour au gite (grottes, trous d'arbres, etc.), les individus d'un même groupe social se lèchent, et ceux qui sont parvenus à prélever du sang régurgitent leur repas qui est alors partagé par la petite communauté. Cela est particulièrement important pour les jeunes individus qui ne sont pas encore suffisamment expérimentés et reviennent souvent le ventre vide. Le vampire commun s'attaque de préférence aux gros mammifères (pécaris, tapirs, singes, bétail, otaries, hommes, etc.), mais aussi aux oiseaux, dont il attaque les pattes, et parfois même aux gros crapauds. A remarquer que les chats, dont le sommeil est léger et les sens toujours en éveil, ne sont jamais attaqués.

Non seulement le vampire commun s'est adapté aux élevages, proliférant à proximité des concentrations de bétail, mais aussi à certaines grandes métropoles tropicales (Bahia, Rio de Janeiro, Sao Paulo, etc.) en s'attaquant exclusivement aux humains qui dorment sans moustiquaires dans des espaces ouverts. Dans ces situations, afin d'éviter la circulation automobile, ils volent au-dessus de quatre mètres de hauteur et ne se nourrissent qu'à partir du milieu de la nuit, le plus souvent entre une heure et deux heures, lorsque la cité devient plus calme. Plusieurs dizaines de cas de rage transmise à des humains sont enregistrés chaque année au Brésil et dans d'autres pays voisins.

Les deux autres espèces de vampires (*Diaemus youngi et Diphylla ecaudata*) s'attaquent presque exclusivement aux oiseaux de grande taille. L'animal se pose directement sur l'extrémité de la queue de l'oiseau endormi sur son perchoir, sans le réveiller, en se pendant à ses rectrices. Il enfouit alors sa tête entre les plumes sous-caudales de sa victime et incise la bordure de la région anale. Les élevages de volailles sont parfois visités quotidiennement par des vampires *Diaemus* ou *Diphylla*, auxquels peut s'ajouter le vampire commun *Desmodus* qui, lui, s'attaque aux pattes des oiseaux. Saignées trop souvent, les volailles anémiées risquent de mourir.

La découverte du sonar

Le vol papillonnant et virevoltant des chauves-souris, marqué par de nombreux crochets, était mis sur le compte de leur maladresse à voler. Cela paraissait normal, puisqu'elles étaient considérées comme des « oiseaux imparfaits ». Buffon écrivait à leur sujet :

> « … leur mouvement dans l'air est moins un vol qu'une espèce de voltigement incertain, qu'elles semblent n'exécuter que par l'effort et d'une manière gauche. »

Nous savons maintenant que ce vol irrégulier n'est que la conséquence de la chasse et de la poursuite des insectes qui, eux-mêmes, font des crochets pour éviter leurs prédateurs. Mais, ce qui fascinait le plus les scientifiques, était que ces animaux puissent voler par nuit noire, tout en évitant les obstacles. A la fin du XVIIIe siècle, le célèbre naturaliste italien, l'abbé Lazzaro Spallanzani (72) et le Suisse Charles Jurine (83) collaborèrent à distance pour la mise en œuvre de nombreuses expérimentations sur le vol des chiroptères dans l'obscurité. Pour cela, ils maintenaient des animaux dans une pièce complètement noire dans laquelle ils avaient installé des clochettes pendues à des fils très fins. S'apercevant que les chauves-souris volaient sans faire sonner les clochettes, donc en évitant de toucher les fils, ils en aveuglèrent certaines en leur crevant les yeux, en assourdirent d'autres par des petites boules de cire dans les oreilles, et privèrent d'autres de l'odorat en leur bouchant les narines. Ils s'aperçurent que, même privées de la vue, elles évitaient les fils, mais qu'elles avaient besoin de leur ouïe pour se diriger dans l'obscurité. Spallanzani écrivait en 1794 :

> « J'en arrive à penser qu'un autre sens, ici, supplée celui de la vue [...] d'où ma conclusion que nous ne pourrons jamais nous faire une idée sur cet autre sens ou organe puisque nous ne le possédons pas. »

Il faudra attendre l'invention du radar par Paul Langevin durant la première guerre mondiale, puis celle du détecteur d'ultrasons par Pierce en 1937, pour que les naturalistes américains Donald Griffin (115) et Robert Galambos démontrent, en 1938, que les chauves-souris émettent des ultrasons pour se diriger dans l'obscurité, utilisant la réception de l'écho, un peu comme le font les radars pour repérer les objets se trouvant dans un environnement assez proche.

III.
Les paresseux

Les paresseux figurent parmi les mammifères les plus étranges de la planète et c'est en premier lieu la lenteur extrême de leurs gestes qui a marqué les voyageurs qui les découvraient. Nous verrons plus loin que cette lenteur est une stratégie de camouflage très efficace en milieu forestier, mais nous verrons également que ces animaux présentent d'autres particularités tout aussi étranges. Rappelons qu'il existe deux genres de paresseux, l'aï ou paresseux à trois doigts et l'unau, ou paresseux à deux doigts. Exclusivement végétariens, les paresseux sont strictement inféodés aux forêts tropicales américaines.

Voici comment le prêtre André Thévet (13) décrivait le paresseux à trois doigts quand, en 1555, il débarquait sur la côte brésilienne :

> « Ceste beste pour abreger, est autant difforme qu'il est possible & quasi incroyable à ceux qui ne l'auroient veuë. Ils (*les Amérindiens*) la nomment Haü, ou Haüthi, de la grandeur d'un bien grand guenon d'Afrique, son ventre est fort avalé contre terre. Elle a la teste presque semblable à celle d'un enfant, & la face semblablement, comme pouvez voir par la sequente figure retirée du naturel. Estant prise elle fait des souspris (*soupirs*) comme un enfant affligé de douleur. Sa peau est cendrée & veluë comme celle d'un petit ours. Elle ne porte si non trois ongles aux pieds longs de quatre doigts, faits en mode de grosses arestes de carpe, avec lesquelles elle grimpe aux arbres ou elle demeure plus qu'en terre. Sa queuë est longue de trois doigts, ayant bien peu de poil. Une autre chose digne de mémoire, c'est que ceste beste n'a jamais esté veuë manger d'homme vivant, encores que les Sauvages en ayent tenu longue espace de temps, pour voir si elle mangeroit, ainsi qu'eux mesmes m'ont recité. Pareillement je ne l'eusse encore creu, jusques à ce qu'un Capitaine de Normandie nommé De l'espiné, & le Capitaine Mogneville natif de Picardie, se promenans quelque jour en des bois de haute fustaye, tirerent un coup d'arquebuze contre deux de ces bestes qui estoient au feste d'un arbre, dont tomberent toutes deux à terre, l'une fort blessée, & l'autre seulement estourdie, de laquelle me fut fait present. Et la gardant bien l'espace de vingt six jours, ou je cognu que jamais ne voulut manger ne boire : mais toujours à un mesme estat, laquelle à la fin fut estranglée par quelque chiens qu'avions mené avec nous par delà. »

Le fait que cet animal puisse rester 26 jours sans manger conduit André Thévet, un peu plus loin dans son texte, à supposer que le paresseux se nourrit du vent, comme le lui assuraient les Amérindiens qu'il côtoyait. Mais il préfère s'en tenir à la seule description des faits, sans oser rechercher des explications qui pourraient le placer dans une situation gênante, démarche dont il se défend (rappelons que cela se déroule en début des guerres de religion) :

> « Voila les faits admirables de Nature, et comme elle se plaist à faire choses grandes, diverses, & le plus souvent incomprehensibles et admirables aux hommes. Pourquoy ce seroit chose impertinente d'en chercher la cause & raison, comme plusieurs de jour en jour s'efforcent : car cela est un vray secret de Nature, dont la cognoissance est reservée au seul Createur, comme de plusieurs autres que lon pourroit icy alleguer, dont je me deporteray pour sommairement parvenir au reste. »

Jean de Léry (18), contemporain de Thevet, décrit les mêmes faits et soulève la même question :

> « Mais au demeurant (chose qui semblera possible fabuleuse) j'ai entendu non seulement des Sauvages, mais aussi des truchements[1] qui avoyent demeuré longtemps en ce pais-là, que jamais homme, ni par les champs, ni à la maison ne vid manger cest animal : tellement qu'aucuns estiment qu'il vit du vent. »

Quant à la lenteur du paresseux, tous les avis convergeaient. Pour De Laon (32), en 1654 :

> « Il a de grandes pattes que l'on diroit estre rompuës, parce qu'il rampe sur le ventre, si on luy tend une picque il grimpe tout au haut avec une grande longueur de temps, puis il y demeurera six heures sans bouger, en sorte qu'il paroist immobile. »

William Dampier (46), en 1697 :

> « Il leur faut huit ou neuf minutes pour avancer un pied à la distance de trois pouces, & ils ne les remuent que l'un après l'autre avec la même lenteur ; les coups ne servent de rien pour leur faire doubler le pas, j'en ai fessé moi-même quelques-uns pour voir si cela les animeroit, mais ils paroissoient insensibles, & on ne sauroit les contraindre à marcher plus vite. »

Père Labat (50), en 1730 :

« Les Européens le nomment paresseux. Ce nom lui convient très bien : il n'y a point d'animal qui le soit autant que lui. Il ne faut point de levriers pour le prendre à la course : une tortuë suffiroit [...] il vit sur les arbres dont il mange les fruits, les feuilles & les bourgeons. Il lui faut un temps infini pour y monter, chaque mouvement qu'il est obligé de faire lui coute bien des cris ; il se repose à tous momens. Quand il est une fois grimpé, il n'en descend que quand il n'y a plus de feuilles, alors la faim le pressant, il songe à passer à un autre arbre : mais il employe tant de tems à descendre & à en chercher un autre, qu'il devient extrémement maigre avant d'avoir trouvé de quoi se nourrir. Le tems de le tuer, est quand on le trouve sur un arbre qu'il a presque depouillé : alors il est gras & tendre. Si on le peut atteindre avec une gaule, on ne prend pas la peine de le tirer, on le frappe, il tombe, on l'acheve à coups de baton, s'il n'est pas mort. »

Père Gumilla (56), en 1758 :

« ... il lui faut l'espace d'un crédo pour lever une jambe. »

Avec le temps, les légendes se sont accumulées sur les paresseux, et le nom « aï » fut attribué aux gémissements plaintifs accompagnant la démarche lente, pénible et douloureuse de cette espèce ! En fait, « aï » est la déformation d'une appellation amérindienne, et le paresseux est presque toujours silencieux. Il émet parfois un soufflement, quand il est en danger, par exemple quand on le manipule, et ses communications à longue distance se font par un cri sifflé, émis très rarement. Une autre légende attestait que, pour descendre d'un arbre, les paresseux se laissaient tomber au sol !

Pour écrire son chapitre sur l'aï et l'unau, en 1765, Buffon (65) se fonda sur tous les témoignages qu'il put recueillir, éliminant certaines données qui lui paraissaient incohérentes, au vu de la science de son époque, mais il était encore bien loin de la réalité scientifique :

« Nous dirons seulement, pour revenir à nos deux animaux, qu'autant la Nature nous a paru vive, agissante, exaltée dans les singes, autant elle est lente, contrainte & resserrée dans ces paresseux ; & c'est moins paresse que misère, c'est défaut, c'est dénuement, c'est vice dans la conformation, point de dents incisives ni canines, les yeux obscurs & couverts, la mâchoire aussi lourde qu'épaisse, le poil plat & semblable à de l'herbe séchée, les cuisses mal emboitées & presque hors des hanches, les jambes trop courtes, mal tournées, & encore plus mal terminées :

point d'assiette de pied, point de pouces, point de doigts séparément mobiles ; mais deux ou trois ongles excessivement longs, recourbés en dessous, qui ne peuvent se mouvoir qu'ensemble & nuisent plus à marcher qu'ils ne servent à grimper : la lenteur, la stupidité, l'abandon de son être, & même la douleur habituelle, résultans de cette conformation bizarre & négligée ; point d'armes pour attaquer ou se défendre ; nul moyen de sécurité, pas même en grattant la terre ; nulle ressource de salut dans la fuite ; confinés, je ne dit pas au pays, mais à la motte de terre, à l'arbre sous lequel ils sont nés ; prisonniers au milieu de l'espace ; ne pouvant parcourir qu'une toise (*1,80 mètre*) en une heure ; grimpant avec peine, se trainant avec douleur, une voix plaintive & par accens entrecoupés qu'ils n'osent élever que la nuit ; tout annonce leur misère, tout nous rappelles ces monstres par défaut, ces ébauches imparfaites mille fois projetées, exécutées par la Nature, qui ayant à peine la faculté d'exister, n'ont du subsister qu'un temps, & ont été depuis effacées de la liste des êtres […].
… Pourquoi n'y auroit-il pas des espèces d'animaux créées pour la misère, puisque dans l'espèce humaine, le plus grand nombre y est voué dès la naissance ! le mal à la vérité vient plus de nous que de la Nature […] les espèces disgraciées de l'unau et de l'aï, sont peut-être les seules que la Nature ait maltraité, les seules qui nous offrent l'image de la misère innée. Voyons-la de plus près ; faute de dents, ces pauvres animaux ne peuvent ni saisir une proie, ni se nourrir de chair, ni même brouter l'herbe ; réduits à vivre de feuilles & de fruits sauvages, ils consument du temps à se trainer au pied d'un arbre, il leur en faut encore beaucoup pour grimper jusqu'aux branches ; & pendant ce lent & triste exercice qui dure quelquefois plusieurs jours, ils sont obligés de supporter la faim, & peut-être de souffrir le plus pressant besoin ; arrivés sur leur arbre, ils n'en descendent plus, ils s'accrochent aux branches, ils le dépouillent par parties, mangent successivement les feuilles de chaque rameau, passent ainsi plusieurs semaines sans pouvoir délayer par aucune boisson cette nourriture aride ; & lorsqu'ils ont ruiné leur fond, & que l'arbre est entièrement nu, ils y restent encore retenus par l'impossibilité d'en descendre ; enfin quand le besoin se fait de nouveau sentir, qu'il presse & qu'il devient plus vif que la crainte du danger de la mort, ne pouvant descendre, ils se laissent tomber & tombent très-lourdement comme un bloc, une masse sans ressort, car leurs jambes roides & paresseuses n'ont pas le temps de s'étendre pour rompre le coup.
A terre, ils sont livrés à tous leurs ennemis ; comme leur chair n'est pas absolument mauvaise, les hommes & les animaux de proie les cherchent & les tuent ; il paroit qu'ils multiplient peu, ou du moins, que s'ils produisent fréquemment, ce n'est qu'en petit nombre ; car ils n'ont que deux mamelles : tout concourt donc à les détruire, & il est bien difficile

que l'espèce se maintienne ; il est vrai que quoiqu'ils soient lents, gauches & presqu'inhabiles au mouvement, ils sont durs, forts de corps & vivaces ; qu'ils peuvent supporter long-temps la privation de toute nourriture ; que couverts d'un poil épais & sec, & ne pouvant faire d'exercice, ils dissipent peu & engraissent par le repos, quelque maigres que soient leurs alimens ; & que quoiqu'ils n'aient ni bois, ni cornes sur la tête, ni sabots aux pieds, ni dents incisives à la mâchoire inférieure ; ils sont cependant du nombre des ruminans, & ont comme eux plusieurs estomacs ; que par conséquent ils peuvent compenser ce qui manque à la qualité de la nourriture par la quantité qu'ils en prennent à la fois ; & ce qui est encore extrêmement singulier, c'est qu'au lieu d'avoir, comme les ruminans, des intestins très-longs, ils les ont très petits & plus courts que les animaux carnivores. L'ambiguité de la Nature paroit à découvert par ce contraste ; l'unau et l'aï sont certainement des animaux ruminans, ils ont quatre estomacs, & en même temps ils manquent de tous les caractères, tant extérieurs qu'intérieurs qui appartiennent généralement à tous les autres ruminans [...] leur air morne, leur regard pesant, leur résistance indolente aux coups qu'ils reçoivent sans s'émouvoir, annoncent leur insensibilité ; & ce qui la démontre, c'est qu'en les soumettant au scalpel, en leur arrachant le cœur et les viscères ils ne meurent pas à l'instant : Pison (*Piso*) qui a fait cette dure expérience, dit que le cœur séparé du corps battoit encore vivement pendant une demi-heure, & que l'animal remuoit toujours les jambes comme s'il n'eut été qu'assoupi : par ces rapports, ce quadrupède se rapproche non-seulement de la tortue, dont il a déjà la lenteur, mais encore des autres reptiles & de tous ceux qui n'ont pas un centre de sentiment unique & bien distinct. Or tous ces êtres sont misérables sans être malheureux ; & dans ses productions les plus négligées, la Nature paroit toujours plus en mère qu'en marâtre. »

Onze années plus tard, en 1776, dans un ouvrage destiné à apporter des compléments à ses écrits précédents, Buffon confirme que le paresseux se laisse bien tomber de l'arbre pour en descendre, contrairement aux assertions de son contemporain Vosmaër (70), célèbre naturaliste hollandais qui ne croyait pas cela plausible :

« ... je n'ai avancé ce fait que sur le rapport de témoins oculaires, qui m'ont assuré avoir vu tomber cet animal quelquefois à leurs pieds, & l'on voit que le témoignage de M. de la Borde, Médecin du Roi à Cayenne, s'accorde avec ceux qui m'ont raconté le fait, & que par conséquent, l'on ne doit pas (comme dit M. Vosmaër) absolument rejeter mon rapport à cet égard. »

Bien entendu, cette chute au sol des paresseux fait partie des nombreuses croyances en cours à l'époque. Il est fort probable que les témoins oculaires dont parle Buffon fondaient leurs certitudes sur d'autres témoignages oculaires, qui eux-mêmes se fondaient sur d'autres récits, etc. En revanche, Buffon publie des données anatomiques tout à fait fiables, provenant de dissections réalisées au Jardin du Roi (Muséum) par son collaborateur, le célèbre anatomiste Daubenton (68). Il admet cependant la critique de Vosmaër concernant les dents du paresseux :

> « Le second reproche est mieux fondé. J'avoue très-volontiers que j'ai fait une méprise, lorsque j'ai dit que l'unau & l'aï n'avoient pas de dents, & je ne fais point du tout mauvais gré à M. Vosmaërt, d'avoir remarqué cette erreur, qui n'est venue que d'une inattention. »

Paresseux à trois doigts *Bradypus tridactylus*. Le mâle (ci-dessus) possède sur le dos une zone glandulaire colorée en jaune-orange qui lui a valu parfois le nom de « dos-brûlé ».

Soixante-quinze ans plus tard, en 1834, le *Dictionnaire Pittoresque d'Histoire Naturelle* de Guérin (121) corrigeait un certain nombre d'erreurs :

« Les naturalistes, toujours mal informés, se sont presque tous fait de ces animaux une idée entièrement fausse : stupides, informes et paradoxaux, telles sont les épithètes qui ont servi à les qualifier ; mais les observations des voyageurs modernes nous ont appris qu'il n'en était rien, et que la lenteur de ces animaux était loin d'être aussi grande qu'on le croyait ; ainsi tous les marins à bord de l'Uranie pendant son expédition de circumnavigation, ont vu un Aï dos-brûlé partir du pont et arriver, en vingt minutes, par les cordages, au haut d'un mât de cent vingt pieds… »

Paresseux à trois doigts remontant du sol vers la canopée

En 1848, le *Dictionnaire Universel d'Histoire Naturelle* (122), d'Orbigny (103) réhabilitait en quelque sorte les paresseux, montrant que leurs prétendues difformités étaient en fait adaptées à leur vie arboricole :

> « Mais toutes ces imperfections s'effacent dès qu'ils se trouvent sur les arbres ; ces animaux grotesques présentent alors toutes les conditions les mieux combinées pour grimper, se cramponner aux branches en déployant le moins de force possible, et y saisir facilement les feuilles suspendues au-dessus de leur tête et qui leur servent d'aliment. »

Il faudra attendre la seconde moitié du XXe siècle pour que la physiologie, puis le comportement des paresseux soient réellement étudiés.

Quelques éléments sur la biologie des paresseux

La position systématique des paresseux a longtemps été débattue. Tour à tour classés parmi les ours, les Primates, les ruminants, etc., ils sont maintenant placés dans un Ordre particulier, les Xénarthres (qui englobe également les tatous et les fourmiliers). Descendant de mammifères archaïques très anciens, ce groupe s'est développé en Amérique du Sud quand ce continent était complètement isolé de l'Afrique et de l'Amérique du Nord. Les Xénarthres se différencient des autres mammifères, entre autres par la présence d'articulations vertébrales particulières (*xénarthre* signifie articulations étranges).

Les forêts tropicales américaines hébergent actuellement deux genres de paresseux : le genre *Bradipus*, représenté par quatre espèces (paresseux à trois doigts, ou *aï*), et le genre *Choloepus*, représenté par deux espèces (paresseux à deux doigts, ou *unau*). Les paresseux sont exclusivement végétariens mais les trois-doigts se nourrissent plutôt de feuillages jeunes alors que les deux-doigts ont un régime alimentaire plus diversifié, à base de feuillages moins tendres auxquels ils ajoutent parfois des fruits et des graines. Les deux-doigts sont les plus lourds et les plus massifs (8 kilogrammes, contre 4 à 5 pour les trois-doigts) et leur fourrure abondante leur donne l'aspect de petits ours. Ils sont strictement nocturnes alors que les trois-doigts sont à la fois nocturnes et diurnes. Ces animaux n'ont pas d'autres dents que des molaires à croissance continue (cinq supérieures et quatre inférieures) dont les crêtes aiguës permettent de hacher finement les végétaux. Cependant, chez le deux-doigts, les premières molaires sont secondairement transformées en fausses canines, puissantes et acérées. Les paresseux sont surtout connus pour la lenteur de leurs mouvements, ce qui constitue un moyen de passer inaperçu aux yeux de leurs prédateurs, mais ils se distinguent également par leur système digestif qui est tout à fait original.

La fermentation bactérienne s'opère dans un vaste estomac qui comporte plusieurs poches, chacune correspondant à un certain stade de dégradation des aliments. Mais les paresseux ne pratiquent pas la rumination (régurgitation d'une partie du bol alimentaire). Estomac et intestins représentent, ensemble, 30% du poids corporel, et l'animal ne défèque que tous les six à huit jours, ce qui lui fait perdre à cette occasion près du tiers de son poids en excréments. Pour cela, il descend au pied d'un petit arbre ou d'une liane, creuse une petite dépression dans le sol en s'aidant de sa courte queue conique qu'il agite (ceci pour le trois-doigts, car le deux-doigts n'a pas de queue), et y dépose fientes et urine qui sont ensuite recouverts de feuilles mortes. Pourquoi prendre de tels risques quand on connaît la vulnérabilité de ces animaux hors de la canopée ? La raison en est peut-être sociale, beaucoup de mammifères marquant leur territoire avec leur urine et leurs fientes.

Chez les paresseux, de nombreuses adaptations aboutissent à des mécanismes économisant l'énergie. Leur masse musculaire est moitié moindre que celle des animaux herbivores de taille équivalente, et leur métabolisme basal est réduit de près de 50% par rapport à la valeur attendue pour leur poids. Ils ne parcourent en moyenne que 24 mètres par jour, à une vitesse de quelques mètres par minute, ils n'ont que six à huit mouvements respiratoires par minute, dorment une quinzaine d'heures par jour, et leur température interne oscille entre 28 et 40°C en fonction des conditions environnantes. En fait, ils s'exposent régulièrement au soleil pour faire monter leur température interne et ainsi, entretenir la fermentation bactérienne qui leur permet de digérer leur nourriture et de la « détoxifier ». Il arrive, quand les pluies durent trop longtemps, que certains paresseux meurent de faim le ventre plein, faute de soleil, et au Panama où ils ont été particulièrement étudiés, c'est pendant la saison pluvieuse que la mortalité est la plus élevée. Ces animaux se trouvent à la limite de leurs possibilités écologiques et ne peuvent tirer leur subsistance que d'un petit nombre de plantes qui représentent moins de 4% des espèces végétales présentes dans leur environnement. Généralement, un individu occupe un territoire inférieur à deux hectares sur lequel il n'exploite que sept à 12 espèces végétales, parmi lesquelles figurent souvent le bois-canon (*Cecropia*), mais aussi certains *Ficus*. Selon les types forestiers et donc la composition floristique des lieux, leur densité peut être très élevée et dépasser 100 individus par kilomètres carrés dans certains secteurs. Mais leur camouflage les rend très difficiles à repérer si bien que leur présence peut passer inaperçue, même dans les zones où ils sont abondants. On estime qu'ils forment 70% de la biomasse des mammifères arboricoles.

Leurs prédateurs sont surtout les aigles harpies, dont la moitié des proies sont des paresseux, ce qui fait qu'un couple de ces oiseaux en prélève à lui tout seul près d'une centaine chaque année. Les paresseux arrivent à se défendre en donnant des coups de griffes et l'unau peut également mordre. Leur principal moyen de sauvegarde réside cependant dans le camouflage.

La fourrure des paresseux est également particulière. Tout d'abord, les poils ont une implantation inverse de celle des autres mammifères, c'est-à-dire qu'ils partent de la région ventrale vers la région dorsale, ce qui facilite le ruissellement de l'eau de pluie, en position suspendue. En outre, les plus gros poils se crevassent et se font coloniser par plusieurs espèces d'algues unicellulaires. Le développement de ces micro-organismes pourrait contribuer au camouflage, c'est tout au moins l'interprétation qui en est généralement donnée, mais la couleur du pelage est plutôt brunâtre à blanc sale que verte ! Il a même été envisagé que les paresseux pouvaient récupérer certains composés provenant de ces algues en se léchant ? Outre les parasites hématophages (moustiques, phlébotomes, acariens, tiques, etc.), les paresseux hébergent une faune commensale variée dans leur fourrure. Certaines espèces de petits papillons y sont abondantes et l'on voit de temps en temps un adulte de ces insectes s'envoler puis replonger immédiatement entre les poils où il disparaît. Ces papillons changent d'hôte au cours de leur cycle, mais leurs chenilles se développent sur le paresseux dont elles se nourrissent des desquamations et peut-être d'une partie des algues qui colonisent les poils. Plusieurs espèces de petits coléoptères particuliers sont également hébergées dans la fourrure des paresseux, mais leurs larves se nourrissent sur les excréments de leur hôte. Le paresseux à deux doigts est aussi le principal « réservoir » du protozoaire responsable de la leishmaniose chez l'Homme.

Il a existé des espèces de paresseux géants, les *Mégathérium*, de la taille d'un éléphant actuel. Leurs derniers représentants furent contemporains des premières populations humaines arrivant en Amérique, il y a près de 10 000 ans.

IV.
Gastronomie tropicale : tortues, tapirs, pécaris, lamantins et autres espèces comestibles

Tortues

Après les traversées océaniques longues, éprouvantes, souvent accompagnées de disettes, les premiers navigateurs débarquant sur les côtes américaines étaient obsédés par la nourriture. La pêche côtière apportait quelques vivres, et voici ce qu'en disait de Laon (32) en 1654, après avoir accompagné l'une des premières expéditions de colonisation de la Guyane, tentative qui se termina d'ailleurs tragiquement, entre les luttes de pouvoir au sein de la colonie et les conflits avec les Amérindiens :

> « … le soufleur & le marsoüin sont des poissons gros comme un mouton, & dont la chair est comme du bœuf, la tortue de mer a environ quatre pieds de diametre, & est un excellent manger aussi bien que les œufs, qui se trouvent quelquefois au nombre de deux cens gros comme des poules, & une tortue peut nourrir cent hommes un jour entier ; on les prend facilement quatre mois l'année lors qu'elles terrissent, c'est-à-dire lors qu'elles viennent sur le sable pour pondre leurs œufs, dans un trou qu'elles font avec leurs pattes, que le Soleil fait éclore. L'on tient que leur fixe regard sur leurs œufs y contribuë beaucoup ; la nuit on les va retourner sur le dos, où elles seroient cent ans sans se pouvoir bouger, puis le lendemain on les va mettre en morceaux ; aux autres saisons qu'elles ne terrissent pas on les varre, c'est-à-dire, qu'on les attend dans un canot, ou dans un bateau, lorsqu'elles flottent sur la mer on les darde avec un fer qu'on appelle une varre, puis le fer entrant seulement l'épaisseur d'un teston dans l'écaille, on les prend facilement ; celles de terre sont comme les nostres en France… »

Le père Biet (33), qui accompagnait la même expédition, donne plus de détails culinaires sur l'utilisation de ces tortues :

> « Il y en a de trois sortes, les unes plus grandes que les autres. La Tortue franche (*il s'agit ici probablement de la tortue verte, Chelonia mydas*) a la chair blanche et savoureuse. Il y a de certains endroits, comme le bout de l'épaule, qui estant rosti, il n'y a veau qui puisse égaler. Le jus qu'elle jeste semble proprement du jus de veau. Elle a de la viande de trois ou

quatre sortes de goust, ses os sont comme des os de bœuf. Il n'y a rien d'excellent comme le plastron ; c'est l'écaille de dessous la Tortuë, auquel on laisse quelque peu de viande, on le fait rostir devant le feu y faisant une saulse qu'on jette dessus. Ce plastron contient toute une grande table, sept ou huit personnes y trouveroient de quoi se rassasier. Tout le reste de la viande est tres bon ; il y aura telle Tortuë qui fournira de la viande pour cent hommes. Tout y est excellent, jusqu'aux tripailles, qui surpassent celles de nos bœufs, & de nos moutons. On trouvera quelquefois dans le ventre d'une Tortuë plus de sept ou huit cents jaunes d'œuf, tres-bons pour en accommoder de diverses façons ; ils sont gros comme les jaunes d'œuf des Oyes. Quand les Tortuës sont prestes à pondre, elles vont sur terre, & font un trou dans le sable où la mer ne va point, elles y en pondront jusqu'au nombre de deux cens à la fois, puis elles remplissent le trou & s'en retournent à la mer. Laissant faire le Soleil qui fait éclorre ces œufs, lesquels sortant de ce sable vont tout petit à la mer, n'estant pas plus gros que le poing. Les œufs qu'elles pondent sont ronds comme une boule, & n'ont point de coquille ; mais seulement une pellicule, comme font les poules grasses, quand elles font des œufs hardez : ces œufs sont d'un excellent goust, lors qu'ils sont brouillez comme au verjus dans une omelette. Ils sont un peu plus secs que ceux de poules, c'est pourquoy on y met un peu d'eau.

La tortuë qui s'appelle Caoüanne, est beucoup plus grosse que la franche, un peu plus longue & plus massive, il faut sept ou huit hommes pour porter tout ce qu'on en tire (*il s'agit ici de la tortue luth, Dermochelys coriacea, appelée localement kawana par les Amérindiens Galibis*).

La Tortuë qu'on appelle Caret, est ceste sorte de Tortuë qui nous donne ces belles écailles, dont on fait ces beaux ouvrages. Il n'y en a point dans nostre Isle (*de Cayenne*), mais il s'en trouve dans les trois Ilets (*îles du Salut*), qui sont devant la Riviere de Corou (*le père Biet confond vraisemblablement la véritable tortue caret, Caretta caretta, et la tortue imbriquée Eretmochelys imbricata, qui est exploitée pour ses écailles ; ces deux espèces, assez rares, fréquentent également les côtes guyanaises*).

Toutes ces sortes de Tortuës ont une graisse fort douce, propre à faire des fricassées, de la patisserie & le reste comme celle du Lamantin. La graisse de Caoüannes (*tortue luth*) n'est pas si delicate & ne se conserve pas tant. On s'en sert à brûler. Pour la conserver, il faut la faire bouillir, la saler, & y mettre du piment. Quand on commence à manger de ces Tortuës, elles causent un petit dévoyement, mais qui ne sert que pour purger, sans qu'il en arrive aucun autre inconvenient… »

L'ancien médecin flibustier Alexandre Olivier Oxmelin (42), qui avait séjourné dans les Caraïbes durant la seconde moitié du XVIIe siècle, précisait que :

> « … la chair de ces tortües est de fort bon goût, & assez nourrissante ; mais la graisse qu'on mange avec la viande est si pénétrante, qu'on la sue comme on la mange : car le linge qu'on porte se pourrit, si on le garde trop longtemps. On peut dire aussi qu'elle purifie la masse de sang […] Quand les gens de ce pays, Espagnols ou François, rencontrent des œufs de tortuë, ils les font sécher au soleil : le jaune se durcit, & est très-bon, se conservant longtemps ; mais quand ils sont vieux, ils deviennent un peu âcre à la gorge, à cause qu'ils sont très-huileux. »

Pour en revenir à la pêche à la tortue sur les côtes de Guyane, près de deux siècles plus tard, selon Noyer (93), en 1824, cette activité était devenue systématique et plus perfectionnée :

> « C'est sur l'anse d'Organabo que l'on fait la pêche à la Tortue. Voici comment on fait cette pêche ainsi nommée très-improprement : plusieurs personnes s'établissent sur les anses dans la saison de la ponte, et font le quart toutes les nuits, en se promenant le long de la mer ; elles veillent attentivement les Tortues qui montent à terre pour déposer leur œufs ; quand elles les aperçoivent, elles les retournent sur le dos jusqu'au jour. Alors on les met dans des parcs que l'on a fait à la mer. Les seules Tortues que l'on prend à la mer, sont celles qui sont en cavalage, c'est-à-dire, qui sont accouplées. Quand les habitants aperçoivent de ces cavalage, ils vont les attaquer par canot, et ont la précaution de harponner la femelle pour avoir tout ensemble, la femelle et le mâle, qui n'abandonne jamais sa femelle tant qu'il n'est pas blessé. Si au contraire ils attaquaient le mâle, ils manqueraient la femelle qui s'échapperait inévitablement. »

Ces captures étaient devenues une activité commerciale destinée à la consommation locale, mais aussi à l'exportation, comme l'indique de Fortia (87) en 1834 :

> « On les prend, la nuit, en les retournant sur le dos, et on les envoie à Cayenne et aux Antilles. »

Il a fallu attendre 1975 pour qu'un premier arrêté préfectoral interdise l'exploitation de la tortue Luth en Guyane entre le 1er avril et le 31 août, période principale de ponte. Des arrêtés successifs, ainsi que divers textes de loi ont été promulgués dans les années qui ont suivi (la dernière loi date de 2005), étendant la protection à l'ensemble des tortues marines et à leurs œufs, et cela sur toute la période de l'année. Parallèlement, des programmes de recherche, nationaux et internationaux, ont été mis en place.

Quelques éléments sur la biologie des tortues marines

Il existe sept espèces de tortues marines au monde. A part deux espèces, l'une localisée à la région australienne (tortue à dos plat, *Natator depressus*), et l'autre (tortue de Kemp *Lepidochelys kempii*), principalement localisée au golfe du Mexique et au sud des Etats-Unis, mais peut atteindre l'Europe, les cinq autres tortues marines fréquentent l'ensemble des mers tropicales du globe. Cependant, elles remontent souvent vers les régions plus tempérées et cinq espèces peuvent être vues en Méditerranée (dont deux y ont des sites de ponte). Trois espèces viennent pondre massivement sur les côtes guyanaises : la tortue verte (*Chelonia mydas*), la tortue olivâtre (*Lepidochelys olivaceus*) et la tortue luth (*Dermochelys coriacea*). Les deux autres espèces, la tortue caouane (*Caretta caretta*) et la tortue imbriquée (*Eretmochelys imbricata*), également appelée tortue à écaille ou carette, sont plus rarement vues sur les côtes guyanaises où elles peuvent pondre.

Les plus petites espèces (olivâtre et Kemp) mesurent environ 50 centimètres de longueur pour un poids de 40 à 60 kilogrammes ; la tortue verte mesure environ 1 mètre de long pour un poids de 100 à 130 kilogrammes ; quant à la tortue luth, c'est la plus grosse du monde, certains individus atteignant 2 mètres de longueur pour un poids de 600 kilogrammes. Les tortues marines consomment des méduses, spécialement la tortue Luth, ainsi que des éponges, mollusques, crustacés et poissons. Elles peuvent consommer également des algues et des herbes marines comme la tortue verte dont le nom proviendrait de la teinte légèrement verdâtre de sa graisse, couleur provenant des végétaux dont elle se nourrit. Les tortues marines peuvent passer plusieurs années à voyager à travers les océans, s'orientant vraisemblablement, au moins en partie, à partir du champ magnétique. En plongée, elles peuvent atteindre 1 300 mètres de profondeur et elles sont capables d'apnées de 80 minutes. Elles reviennent se reproduire vers leur lieu de naissance, sur les plages sableuses où elles enterrent 70 à 200 œufs à chaque ponte. L'incubation dure environ deux mois et la température subie par les œufs aura une incidence sur le sexe des nouveau-nés : en dessous d'un seuil critique, les œufs donnent naissance à des mâles, et au-dessus, à des femelles. Les nouveau-nés se précipitent vers la mer, mais ils sont soumis à une prédation intense, autant sur la plage que dans l'eau. On estime que moins d'un individu sur mille parvient à l'âge adulte. Les populations de tortues marines sont en déclin, en grande partie du fait de la pollution (absorption de sacs plastiques), des prises accidentelles dans les filets dérivants, et des hameçons des longues palangres.

Tapirs

En faisant du troc avec les populations amérindiennes côtières, les Européens pouvaient également se procurer du gibier, ce qui leur donna l'occasion de découvrir des animaux jusque-là inconnus. Chaque description d'une nouvelle espèce était presque toujours accompagnée de commentaires sur les qualités de sa viande, de sa graisse, ou de sa peau. En outre, quand elle était trop différente des espèces européennes, elle était décrite comme une chimère, résultat d'un mélange de plusieurs animaux déjà connus. Voici la première description du tapir, faite par Pierre Martyr (6), personnage proche de Christophe Colomb, qui vivait à la cour d'Espagne et se fondait sur les récits des premiers conquistadors. Curieusement, les Espagnols ne firent mention du tapir qu'à partir du moment où ils colonisèrent le Darien (région de Panama) :

> « Cette bête, égale en grosseur à un bœuf, porte trompe d'Eléphant ; a couleur bovine, et ce n'est point un Bœuf ; ongle chevalin, et n'est point un Cheval. Elle a aussi les oreilles de l'Eléphant moins pendantes, et moins larges toutefois, mais plus larges encore que celle des autres animaux. »

Ce portrait montre que les témoignages étaient imprécis, ou bien que Pierre Martyr n'avait pas tout saisi des descriptions qui lui étaient faites (oreilles d'éléphant !). Quelques années plus tard, en 1535, Oviedo (8) décrira le tapir d'après ses propres observations faites en Amérique centrale :

> « On trouve à la terre ferme un animal appelé par les Indiens Boeri, et auquel les chrétiens ont donné, en raison de l'épaisseur de son cuir, le nom de Danta. Ce nom, au reste, est tout aussi impropre que celui de tigre, qu'ils donnent à l'Ochi (*jaguar*). Le Boeri est de la taille d'une moyenne Mule ; il a le poil d'un brun foncé, et plus épais que celui du Buffle ; il n'a point de cornes, et c'est tout à fait à tort que des personnes lui donnent le nom de vache. Sa chair est bonne à manger, quoique plus mollasse que la viande du Bœuf ; mais un excellent morceau, c'est le pied ; seulement il faut qu'il cuise vingt-quatre heures de suite, après quoi, c'est un mets qu'on peut présenter au plus délicat, et qui est de très facile digestion. On force le Boeri avec les chiens, mais quand il ont fait

la prise, il faut que le chasseur vienne promptement à leur aide, et tâche de frapper l'animal avant qu'il ait le temps de gagner l'eau, car, s'il en est proche, il court s'y jeter, et une fois là, il a bon marché des chiens, qu'il déchire à belles dents ; j'en ai vu emporter d'une seule morsure la jambe ou l'épaule d'un lévrier, ou arracher à un autre un morceau de peau long de deux empans, tout comme l'eût pu faire un écorcheur : sur la terre, ils n'en pourraient faire autant impunément. »

Les Espagnols et les Portugais nommèrent le tapir *la gran bestia* (la grande bête), mais plus souvent *danta* ou *anta* car à l'époque, les cuirs très épais, qui provenaient de l'élan ou du buffle, étaient appelés « antes ». Les Français établis dans la baie de Rio au milieu du XVIe siècle l'appelèrent tapir (nom dérivé d'une langue Tupi), et encore un peu plus tard, sur les côtes des Guyanes, maïpouri (nom dérivé de la langue Caribe). C'est le nom tapir qui a finalement prévalu. Jean de Léry (18), qui avait séjourné sur les côtes brésiliennes entre 1557 et 1558, le décrivait de la façon suivante :

« … Je commencerai par celles qui sont bonnes à manger. La premiere & plus commune est, une qu'ils appelent Tapiroussou, laquelle ayant le poil rougeastre, & assez long, est presque de la grandeur, grosseur & forme d'une vache : toutesfois ne portant point de cornes, & ayant le col plus court, les aureilles plus longues & pendantes, les jambes plus seiches & deliees, le pied non fendu, ains de la propre forme de celui d'un asne, on peut dire que participant de l'un et de l'autre elle est demie vache & demie asne. Neanmoins elle difere encore entierement de tous les deux, tant de la queuë qu'elle a fort courte (& notez en cest endroit qu'il se trouve beaucoup de bestes en l'Amerique qui n'en ont point du tout), que des dents, lesquelles elle a beaucoup plus tranchantes et aiguës : cependant pour cela, n'ayant autre resistance que la fuite, elle n'est nullement dangereuse […] Au reste cest animal a cause de sa peau est merveilleusement estimé d'eux (*les Amérindiens Tupinamba*) : car quand ils l'escorchent, coupans en rond tout le cuir du dos, apres qu'il est bien sec, ils en font des rondelles aussi grandes que le fond d'un moyen tonneau, lesquelles leur servent à soustenir les coups de flesches de leurs ennemis, quand ils vont en guerre. Et de fait, ceste peau ainsi seichee & acousturee est si dure, que je ne croi pas qu'il y ait flesche, tant roidement descochee fust-elle, qui la sceut percer. Je rapportois en France par singularité deux de ces Targes (*boucliers*), mais quand à nostre retour la famine nous print sur mer, apres que tous nos vivres furent faillis, & que les Guenons, Perroquets, & autres animaux que nous aportions de ce païs-la, nous eurent servi de nourriture, encor nous fallut-il manger nos rondelles grillees sur les charbons, voir, comme je dirai en son lieu, tous

> les autres cuirs, & toutes les peaux que nous avions dans nostre vaisseau. »

Plus tard, selon l'ouvrage de Bajon (75) publié en 1778, cette solidité particulière de la peau du dos du tapir fut mise à profit par les cordonniers de Cayenne pour la confection des semelles de chaussures. Mais, comme partout en Amérique tropicale, et ceci jusqu'à une période très récente, la viande de tapir était proposée sur les marchés et dans les restaurants, comme de Fortia (87) le mentionne déjà en 1837 :

> « Le tapir [...] était autrefois si commun dans tous les bois, que la chair, qui ressemble à celle du bœuf, était taxée, par la police de Cayenne, à huit sous le livre. »

De nombreux auteurs précisent d'ailleurs que les chasseurs ne parvenaient pas à tuer les tapirs avec des munitions ordinaires et qu'ils devaient utiliser un lingot de plomb ou de fer et viser le col ou la tête. Malheureusement, les armes modernes ont beaucoup plus d'efficacité, si bien que le tapir figure aujourd'hui parmi les espèces en danger. Il est probable que la solidité de sa peau, en particulier celle du dos, constitue une adaptation lui permettant de résister aux attaques des jaguars.

Les premières descriptions rendent assez bien compte de l'anatomie de cet animal qui, en réalité, s'apparente davantage aux rhinocéros et aux chevaux qu'aux bovidés. Les premiers observateurs s'étaient tout de suite rendu compte, par le simple examen des contenus digestifs, que le tapir était végétarien. Mais le fait qu'il aille souvent dans l'eau, soit pour s'y baigner, soit pour s'y réfugier quand il est poursuivi, a fait imaginer qu'il mangeait également du poisson (on a dit la même chose de l'hippopotame). Une croyance ancienne persiste encore chez certains villageois de Guyane, selon laquelle son crottin, souvent répandu dans les petits ruisseaux, enivrerait les petits poissons qu'il viendrait récupérer par la suite pour les manger. Cette légende s'inspire vraisemblablement des *nivrées*, pratique de pêche amérindienne qui consiste à asphyxier les poissons en jetant dans les cours d'eau certaines lianes préalablement écrasées. On a également pensé que le tapir allait en mer, d'où le nom de cheval marin donné par certains auteurs anciens.

Buffon (65) n'a pu voir qu'un seul tapir, à la fin de sa vie, et il ne disposait, pour la description de sa biologie, que des témoignages de ses correspondants :

« Il parait que le tapir est un animal triste et ténébreux, qui ne sort que la nuit, qui ne se plait que dans les eaux, où il habite plus souvent que sur la terre ; il vit dans les marais, et ne s'éloigne guère du bord des fleuves ou des lacs : dès qu'il est menacé, poursuivi ou blessé, il se jette à l'eau, s'y plonge et y demeure assez de temps pour faire un grand trajet avant de reparaître. »

Un demi-siècle plus tard la zoologie avait beaucoup progressé, et l'on pouvait lire ce commentaire de Paul Gervais (108) dans le dictionnaire d'Orbigny (103), en 1848 :

« Parmi les Pachydermes, il est un animal dont la domestication me semble devoir être immédiatement tentée ; c'est le Tapir et plus spécialement l'espèce américaine qu'il serait aisé de se procurer par la Guiane et par le Brésil. Non moins facile à nourrir que le Cochon, le Tapir m'a semblé, par ses instincts naturels, éminemment disposé à la domestication. Au défaut de la société de ses semblables, je l'ai vu rechercher celle de tous les animaux placés près de lui avec un empressement sans exemple chez les autres Mammifères. L'utilité du Tapir serait double pour l'homme. Sa chair, surtout améliorée par un régime convenable, fournirait un aliment à la foi sain et agréable. En même temps, d'une taille bien supérieure à celle des cochons, le Tapir pourrait rendre d'importants services, comme bête de somme, d'abord aux habitants de l'Europe méridionale, puis, avec le temps, à ceux de tous les pays tempérés. »

Pourtant le naturaliste espagnol Felix d'Azara (80), qui avait longtemps vécu au Paraguay à la fin du XVIIIe siècle était d'un avis contraire :

« Il est aisé de penser qu'on ne s'amuse pas à élever un animal aussi nuisible, aussi triste, qui n'a rien d'attrayant et dont l'unique qualité est de n'exiger ni attention, ni soins. »

Les chroniques du début XIXe font mention d'une épidémie qui fit disparaître presque tous les tapirs de Guyane. J.A.A. Noyer (93) nous apprend cela dans ses *Mémoire sur la Guyane Française*, en 1824 :

« On connaît d'ailleurs et on a décrit tous les quadrupèdes de la Guyane ; nous devons parler ici d'une épizootie, qui a eu lieu dans toute la Guyane, sur les Maïpouris (*tapirs*). Il y a environ sept à huit ans, on en rencontrait des cadavres et des squelettes dans tous les bois, et bientôt on n'en vit plus de vivants. Depuis environs deux ou trois ans, on a commencé à en découvrir des traces ; et à en voir même quelques-uns ; mais ils ne sont pas encore multipliés pour que les chasseurs trouvent l'occasion d'en tuer »

Cette épidémie aurait eu lieu vers l'année 1812 et elle est confirmée par le marquis de Fortia (1834).

Tapir (*Tapirus terrestris*) photographié par un piège photographique dans la réserve des Nouragues en Guyane. On peut remarquer sa courte trompe, qui l'aide à saisir sa nourriture, et sa crinière en brosse, courte et raide, surmontant son cou. Le tapir représente actuellement la plus grande espèce de mammifères d'Amérique du Sud (photo Cécile Richard-Hansen, ONCFS).

Quelques éléments sur la biologie des tapirs

Il existe quatre espèces de tapirs en Amérique, *Tapirus terrestris* (Amazonie), *Tapirus kabomani* (espèce amazonienne nouvellement décrite, plus petite que la précédente avec laquelle elle a longtemps été confondue), *Tapirus bairdii* (Amérique centrale), *Tapirus pinchaque* (quelques zones montagneuses des Andes), et une cinquième en Asie, *Tapirus indicus*, restreinte à certaines forêts tropicales du sud-est asiatique. Cette famille est originaire d'Amérique du Nord, d'où elle a ensuite disparu après que certains de ses membres eurent colonisé l'Amérique tropicale et une partie de l'Asie. Les Tapiridés s'apparentent, avec les chevaux et les rhinocéros, aux ongulés dits périssodactyles, c'est-à-dire ceux dont le troisième doigt (correspondant à notre majeur) est le plus important et forme le pivot porteur. Seul ce troisième doigt subsiste chez le cheval alors que les rhinocéros ont encore trois doigts, le central étant le plus fort. Les tapirs ont trois doigts à l'arrière et quatre à l'avant, mais c'est toujours le troisième (majeur) qui est le plus développé. La seconde lignée d'ongulés, dite artiodactyles, est formée par des animaux qui s'appuient à égalité sur le troisième et le quatrième doigt, qui sont les plus développés (Bovidés, Cervidés, Suidés, Camélidés, Girafidés, etc.), d'où la dénomination ancienne de *pied-fendu*.

Le tapir est un végétarien strict se nourrissant de feuillages d'arbrisseaux du sous-bois forestier, auxquels il ajoute, selon les saisons, certains fruits ramassés au sol. Ce n'est pas un ruminant et son tube digestif ressemble davantage à celui du cheval. Pesant entre 150 et 300 kilogrammes, mesurant environ 1 mètre au garrot (*T. terrestris*), les adultes sont rarement attaqués par les jaguars mais les jeunes sont vulnérables. Le tapir est solitaire et communique par un cri sifflé et aigu que les chasseurs imitent pour l'attirer. En Guyane sa densité est d'environ un pour trois kilomètres carrés dans les zones où il n'est pas chassé, mais il s'est considérablement raréfié dans beaucoup de régions. Contrairement à ce qui a été dit par les auteurs anciens, le tapir parcourt toutes les zones de la forêt, y compris les collines, et ne fréquente les cours d'eau que pour s'y baigner ou bien pour s'y réfugier quand il est en danger. Chez toutes les espèces le jeune porte une livrée rayée, semblable à celle des marcassins. L'espèce andine (*T. pinchaque*), un peu plus petite que les autres, a un poil plus long et plus fourni qui la protège du froid. L'espèce asiatique (*T. indicus*) est bicolore au stade adulte, son dos devenant tout blanc.

Pécaris… un nombril sur le dos servant à respirer !

Les pécaris figuraient en bonne place parmi les gibiers que les Européens se procuraient sur les côtes américaines. Rappelons que l'Amérique tropicale héberge deux espèces de pécaris largement réparties en Amazonie et dans sa périphérie : le pécari à collier, *Pecari tajacu* (pakira en Guyane), qui est le plus petit des deux, et le pécari à lèvres blanches, *Tayassu pecari* (cochon-bois en Guyane). Bien que ressemblant à des petits sangliers, les pécaris n'en sont que de lointains cousins et ils forment une famille distincte (Tayassuidés). Leur anatomie interne diffère notablement de celle de leurs homologues de l'Ancien Monde (Suidés) et ils portent sur le milieu du dos une grosse glande utilisée à l'occasion de diverses manifestations sociales et au marquage de leur environnement. Cette glande, qui débouche par un petit canal, déconcerta les premiers observateurs européens. Voici ce qu'en disait Jean de Léry (18) au milieu du XVIe siècle :

> « … quant au sanglier de ce païs-là (*Brésil*), lequel les sauvages nomment Ta-iassou, combien qu'il soit de forme semblable à ceux de nos forests, & qu'il ait ainsi le corps, la teste, les oreilles, jambes et pieds : mesmes aussi les dents fort longues, crochues, pointues, & par consequent tres dangereuses, tant y a qu'outre qu'il est beaucoup plus maigre & descharné, & qu'il a son grongnement & cri effroyable, encor a-il une autre diformité estrange a savoir naturellement un pertuis sur le dos par où il soufle, respire, & prent vent quand il veut (ainsi que j'ai dit que le marsouïn a sur la teste). Et à fin qu'on ne trouve cela si estrange, celui qui a escrit l'histoire generale des Indes (*Jean de Léry fait probablement référence à la publication de Gomara* (10) *de 1552*) dit qu'il y a aussi au païs de Nicaragua, pres du Royaume de la nouvelle Espagne, des porcs qui ont le nombril sur l'eschine : qui sont pour certain de la mesme espece que ceux que je vien de descrire, & sans aller cercher ces merveilles si loin, si on veut croire Pline (2), il dit que les Chevres aspirent par les oeilles, & non pas par les pertuis du museau, dont on peut faire l'expérience. Les trois susdits animaux, à savoir le Tapiroussou (*tapir*), le Seou-assou (*cerf*) & Ta-iassou (*pécari*) sont les plus gros de ceste terre du Bresil. »

Cette interprétation du rôle de la glande dorsale, inspirée des écrits des premiers voyageurs espagnols, va se transmettre d'auteur en auteur jusqu'au milieu du XVIIIe siècle. Lors des longues traversées, les voyageurs avaient tout loisir d'observer les dauphins accompagner leur bateau et venir respirer par leur évent. Il ne paraissait donc pas anormal qu'un quadrupède puisse respirer par un orifice dorsal, surtout après la lecture de Pline, mentionnant que les chèvres pourraient respirer par les oreilles[2] !

Plus d'un siècle après, Rochefort (34), dans son *Histoire des Antilles*, en 1667, expliquait que les performances à la course des pécaris étaient dues à l'existence de cet orifice respiratoire supplémentaire :

« Il y a aussi en quelques unes de ces Iles, comme a Tabago (*Tobago*), une espece de Pourceaus sauvages, qui se voient pareillement au Bresil, & en Nicaragua. Ils sont presque en tout semblables aus sangliers de nos forests. Mais ils ont peu de lard, les oreilles courtes, presque point de quëue, & ils portent leur nombril sur le dos. On en voit de tout noirs, & d'autres qui ont quelques taches blanches. Leur grongnément, est aussi beaucoup plus effroyable, que celuy des Pourceaus domestiques. On les nomme Iavaris. Cette venaison est d'assez bon goût : Mais elle est difficile à prendre, à cause que ce Sanglier ayant un évent sur le dos, par lequel il respire & rafraichit ses poumons, il est presque infatigable à la course, & s'il est contraint de s'arréter, & qu'il soit poursuivy des Chiens, il est armé de defenses si pointuës & si trenchantes, qu'il déchire tout ceus qui ont l'assurance de l'approcher. »

En 1730, le père Labat (50), qui avait accompagné le chevalier Des Marchais dans ses voyages en Afrique et en Amérique, reprenait les mêmes interprétations que ses prédécesseurs.

« Ce qu'ils ont de particulier, c'est un trou qu'ils ont sur le dos ; dans lequel on peut mettre le bout du petit doigt, en manière d'évant, par lequel l'animal reçoit l'air qui rafraichit ses poumons & lui donne le moyen de courrir très-longtems & très-fort. Il sort de cet évant une odeur fetide.
Ces animaux vivent de racines : ils mangent aussi des serpents. La chair de ces reptiles est excellente pour purifier la masse de sang. Qui leur a appris ce secret ? La Nature, dira t'on, l'instinct. Pourquoi les créatures douées de raison, n'en ont-elles pas assez pour connoître ce qui leur est bon ou nuisible, sans être exposées comme elles sont aux sistêmes des Medecins & aux qui pro quo des Apotiquaires ? »

Cette dernière remarque pousse Le père Labat à une critique, à peine voilée, des médecins et des apothicaires !

Peu après, en 1741, Pierre Barrère (57), médecin à Cayenne et correspondant de l'Académie des Sciences, décrivait une glande dorsale, sans écrire qu'il s'agissait d'un nombril, et encore moins que cet orifice pouvait avoir une fonction respiratoire. Cependant, il nommait ce pécari *Sus minor, umbilico in dorso*, ce qui signifie en latin « petit sanglier à nombril dorsal », allusion à cette croyance alors largement répandue. Linné (64) n'avait pas encore publié son *Systema Naturae*, qui allait imposer la nomenclature binaire (un seul nom pour le genre et un seul nom pour l'espèce) ; avant cela, les animaux étaient encore nommés par plusieurs noms latins évoquant leurs particularités :

> « Sus minor, umbilico in dorso : Il a sur le dos près de la region lombaire une petite poche ou espèce de soupirail d'environ un pouce & demie de profondeur, entre le cuir & les muscles, qui sert d'égoût à une humeur ou matiere onctueuse d'une odeur désagréable, qu'on appelle improprement dans ce pays Musc. Cette espece de cochon s'attroupe ordinairement, & va par bandes quelquefois au nombre de mille. »

Pécari représenté dans le *Dictionnaire Général des Sciences Théoriques et Appliquées (*1870).

Durant la seconde moitié du XVIIIe siècle, Buffon (65) régna sur la zoologie européenne, publiant de nombreux volumes entre 1749 et 1789, dont certains furent traduits en anglais, en espagnol, et en allemand. Une partie de ses œuvres fut même reprise après sa mort par les éditeurs, jusque vers 1850. Un grand nombre de mammifères, dont les pécaris, avaient donc été décrits avec minutie durant la seconde moitié du XVIIIe siècle, en particulier par l'anatomiste Daubenton (68) qui, pendant longtemps, fit partie des nombreux collaborateurs de Buffon. On ne parla plus de nombril dorsal, ni d'évent, mais aucune remarque ou démenti sur les écrits précédents ne furent publiés. Certains écrivains voyageurs continuèrent néanmoins à mentionner le *nombril sur l'épine du dos* du pécari, comme Prudhomme (84), en 1797, mais cette grossière erreur s'effaça doucement, d'elle-même, apparemment sans provoquer de débats ! Par la suite, les auteurs du XIXe siècle mentionneront tous l'existence de cette glande dorsale, insistant beaucoup sur la nécessité de l'ôter rapidement après la capture de l'animal afin d'éviter qu'elle ne communique un mauvais goût à la viande ; mais plus personne ne fera allusion à l'ancienne croyance.

Quelques éléments sur la biologie des pécaris

Il existe actuellement trois espèces de pécaris (et peut-être une quatrième ?). Le pécari à collier (*Pecari tajacu,* environ 20 kilogrammes) habite toute l'Amérique tropicale et subtropicale, depuis le sud des Etats-Unis, jusqu'au sud du Brésil. Le pécari à lèvres blanches (*Tayassu pecari,* environ 30 kilogrammes) a une répartition assez voisine, quoique légèrement plus réduite dans la partie nord. Les deux espèces exploitent presque partout les mêmes écosystèmes. A signaler que sur une si vaste étendue, le pécari à collier se subdivise en 12 sous-espèces, et le pécari à lèvres blanches en cinq. La troisième espèce, le pécari du Chaco (*Catagonus wagneri*), qui est plus grande que les autres (75 centimètres au garrot, et 30 à 43 kilogrammes), est localisée dans les forêts et steppes arides à végétation épineuses du Gran Chaco, entre le sud-est de la Bolivie, le nord de l'Argentine, et l'ouest du Paraguay. Curieusement, cette espèce fut d'abord décrite en 1930 à partir de restes subfossiles ; ce n'est qu'en 1975 que l'on s'aperçut qu'elle n'était pas éteinte. Le pécari du Chaco, très localisé, n'est seulement représenté que par quelques dizaines de milliers d'individus et se trouve actuellement menacé de disparition. La quatrième espèce de pécari (*Pecari maximus*), localisée en Amazonie entre les rivières Tapajo et Madeira, a été découverte en 2000, et décrite en 2007, par le naturaliste hollandais Marc van Roosmalen. Il s'agirait d'une espèce proche du pécari à collier, mais bien plus grande et vivant par couples, alors que les autres espèces vivent en troupes plus ou moins nombreuses. Faute de données complémentaires, la validité de cette espèce est controversée, et la communauté scientifique ne l'a pas encore confirmée.

La famille des pécaris (Tayassuidés) est séparée depuis 35 millions d'années de son homologue de l'Ancien Monde (c'est-à-dire la famille des Suidés, qui comprend les sangliers, phacochères, etc.). Les Tayassuidés se sont diversifiés en Amérique du Nord et ce n'est que tardivement, avec l'émergence de l'isthme de Panama, il y a 2,5 millions d'années, qu'ils ont colonisé l'Amérique du Sud. Des pécaris géants, appartenant aux genres *Platygonus* et *Mylohyus,* ont vécu en Amérique du Nord jusqu'à une période relativement récente (environ 12 000 ans) ; ils se sont donc trouvés contemporains des premières populations humaines.

Les pécaris sont des animaux grégaires vivant en troupes réunissant mâles adultes, femelles adultes et jeunes ; une hiérarchie règle leurs relations sociales qui sont assez complexes. Alors que le pécari à collier vit en petites troupes assez stables (le plus souvent de huit à 18 individus), les pécaris à lèvres blanches se réunissent parfois en bandes de plusieurs centaines d'individus, faisant de grands déplacements en forêt. Lors de ces migrations ils peuvent se subdiviser en sous-groupes de près d'une centaine de têtes, cheminant les uns derrière les autres, en files indiennes. Inquiétés, ils peuvent charger en nombre, claquant des dents pour intimider leur ennemi, et devenir dangereux.

Le pécari à collier, essentiellement végétarien, se nourrit de feuillages, fruits, graines, racines, etc. Il en est de même du pécari à lèvres blanches qui, cependant, peut occasionnellement manger des invertébrés ou des œufs de tortues. La consommation de serpents par les pécaris semblerait infondée.

La gestation des pécaris est plus longue que celle des sangliers (environ 145 jours contre 112) et, comparativement, la femelle met au monde moins de petits (le plus souvent deux), qui sont déjà très agiles à la naissance. Victimes de la chasse pour leur viande, les pécaris sont également tués pour leur cuir qui est très prisé, en particulier pour la confection de gants de luxe.

Les lamantins… poissons ou mammifères !

La question peut sembler stupide de nos jours. Comment confondre un poisson et un mammifère ! Pourtant tout cela repose sur un problème de vocabulaire et sur le sens des mots, sens qui a évolué avec le temps. Pendant l'Antiquité, les marsouins, dauphins et baleines étaient appelés « poissons » puisqu'ils vivaient dans l'eau, mais on considérait à l'époque qu'il existait plusieurs sortes de poissons, certains ayant des écailles et respirant dans l'eau par des branchies, alors que d'autres « aspiraient de l'air », faisaient leurs petits vivants et les allaitaient tout comme le font les « quadrupèdes vivipares ». Par exemple, dans son traité sur les poissons, Aristote précise que « Le dauphin est vraiment vivipare, aussi a-t-il deux mamelles. » Il suffirait de remplacer le mot poisson par vertébré aquatique pour que cela ne nous choque pas !

En 1748, dans sa sixième édition, Linné plaçait encore les lamantins, les dauphins et les baleines dans la Classe des poissons, tout en leur réservant un Ordre particulier, les *Plagiures* (terme signifiant queue plate). L'Ordre des *Plagiures* se distinguait des autres ordres de poissons par une nageoire caudale horizontale (alors qu'elle est verticale pour les vrais poissons). Mais Linné ajoutait, en note infra-paginale, que l'anatomie interne des *Plagiures* était très voisine de celle des *quadrupèdes vivipares* (mammifères). Finalement, 18 ans plus tard, dans sa dixième édition, en 1758, Linné incluait les dauphins et les baleines dans la Classe des mammifères en créant l'Ordre particulier des *Cete* (cétacés). Il plaçait le lamantin dans un autre Ordre de mammifères, les *Bruta*, à côté des éléphants, rhinocéros, fourmiliers, paresseux et tatous. Ce revirement était dû aux progrès réalisés en zoologie et surtout en anatomie comparée. Il faut savoir que la systématique (classification des êtres vivants) était alors basée, d'une part, sur le rapprochement des espèces se ressemblant le plus par leur anatomie, et d'autre part, sur la conception d'un *continuum* dans la complexité des organismes, ce qui permettait de passer progressivement d'une espèce à une autre. Dans ce *continuum*, les Primates étaient considérés comme les plus aboutis, puisque leur anatomie se rapprochait le plus de celle de l'Homme, les organismes les moins aboutis étant représentés par les éponges. Mais aucune idée de filiation, d'évolution, ou d'arbre généalogique n'était envisagée. L'anatomie et la classification des mammifères allaient encore beaucoup s'améliorer au cours du siècle suivant, en même temps qu'émergeait le transformisme, suivi du darwinisme. Mais les subtilités de la systématique mirent beaucoup de temps à pénétrer l'opinion publique avant que les cétacés et les lamantins ne soient plus considérés comme des poissons. Cette confusion était d'ailleurs très commode puisque la viande de lamantin, très appréciée sous sa forme fumée, et largement commercialisée en Europe pendant le carême, fut très longtemps considérée comme un aliment maigre, au même titre que le poisson. Buffon, contemporain de Linné, écrivait à propos des lamantins :

> « Dans le règne animal, c'est ici que finissent les peuples de la terre, & que commencent les peuplades de la mer ; le Lamantin qui n'est plus quadrupède, n'est pas entièrement cétacée… »

La description du lamantin par Pierre Martyr (6), peu après la découverte de l'Amérique, est assez fantaisiste, imputable aux récits qu'il avait pu recueillir de la part des compagnons de Christophe Colomb :

> « Je crois que cette espèce de monstre n'est pas connue dans nos mers. Il a quatre pattes. On dirait une tortue : mais il est couvert d'écailles et n'a pas de carapace. Sa peau est si dure qu'il n'a rien à craindre de la flèche. Il est armé de mille piquants. Son dos est lisse. Il a presque la tête d'un bœuf. C'est un amphibie. Il est doux et pas méchant. Comme l'éléphant et le dauphin, il aime la société de l'homme. Il est d'une grande sensibilité. »

Cette croyance que le lamantin pouvait se déplacer sur terre, probablement inspirée, par analogie, du comportement des phoques, fut reprise par de nombreux auteurs jusqu'au début du XVIIIe siècle. Quant à la réputation de douceur et de sociabilité du lamantin, elle provient d'une histoire (ou légende), longtemps reprise par les auteurs successifs, concernant un individu apprivoisé, conservé dans un lac par un prince amérindien d'Haïti. Dès 1535, le chroniqueur conquistador Oviedo (8) donnait une description assez juste de cet animal dans *L'Histoire Naturelle et Générale des Indes* :

> « On le trouve assez fréquemment sur les côtes de Saint-Domingue ; c'est un très gros animal d'une figure informe, qui a la tête plus grosse que celle d'un bœuf ; les yeux petits ; deux pieds ou deux mains près de la tête, qui lui servent à nager ; il n'a point d'écailles, mais il est couvert d'une peau ou plutôt d'un cuir épais ; c'est un animal fort doux ; il remonte les fleuves, et mange les herbes du rivage, auxquelles il peut atteindre sans sortir de l'eau ; il nage à la surface ; pour le prendre on tâche de s'en approcher sur une nacelle ou un radeau, et on lui lance une grosse flèche attachée à un très long cordeau […] on tire peu à peu l'animal vers le bord, ou bien on achève de le tuer à coups de lance. Il est si pesant, qu'il faut une voiture attelée de deux bœufs pour le transporter ; sa chair est excellente, et, quand elle est fraiche, on la mangeroit plutôt comme du bœuf que comme du poisson […] Il y a de ces animaux qui

ont plus de quinze pieds (*4,80 mètres*) de longueur sur six pieds (*1,90 mètre*) d'épaisseur ; la partie de l'arrière du corps est beaucoup plus menue, et va toujours en diminuant jusqu'à la queue, qui ensuite s'élargit à son extrémité [...] il n'a point d'oreilles externes, mais seulement deux trous par lesquels il entend ; sa peau n'a que quelques poils assez rares ; elle est d'un gris cendré et de l'épaisseur d'un pouce ; on en fait des semelles de souliers, des baudriers, etc. La femelle a deux mamelles sur la poitrine, et elle produit ordinairement deux petits qu'elle allaite. »

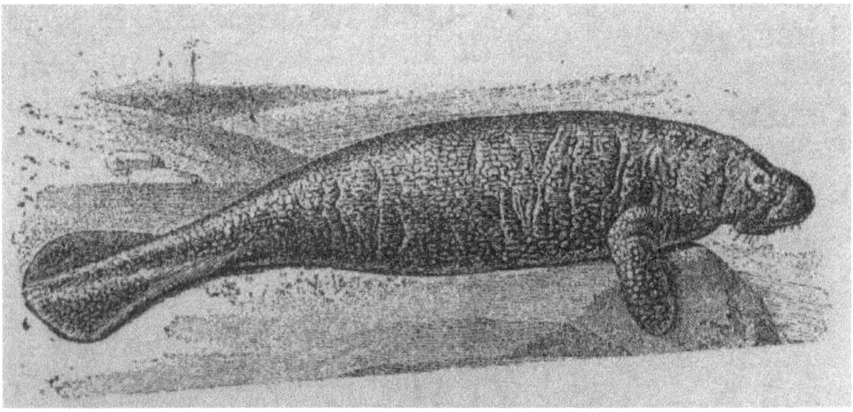

Lamantin représenté dans le *Dictionnaire Général des Sciences Théoriques et Appliquées de 1870.*

Plus pragmatique, Rochefort (34), qui avait longtemps séjourné aux Antilles au XVIIe siècle, décrit le mode de vie du lamantin en insistant sur les avantages que l'on peut en tirer :

« Entre les Monstres Marins qui sont bons manger, & que l'on reserve en provision, comme on fait en Europe le Saumon, & la Moruë, on fait sur tout état aus Iles du Lamantin selon nos François, ou Namantin & Manaty, selon les Espagnols. C'est un Monstre, qui croist avec l'âge d'une grandeur si étrange, qu'on en a veu qui avoient environ dix huit pieds (*5,75 mètres*) de long, & sét (*2,25 mètres*) de grosseur au milieu du corps. Sa teste a quelque ressemblance à celle d'une Vache, d'où vient que quelques uns l'appellent Vache de Mer. Il a de petits yeux, & la peau épaisse de couleur brune, ridée en quelques endroits & parsemée de quelques petits poils. Estant sèche, elle s'endurcit de telle sorte, qu'elle peut servir de rondache (*bouclier*) impénétrable aus flèches des Indiens. Aussi, quelques Sauvages s'en servent pour parer les traits de leurs ennemis, lors qu'ils vont en combat. Il n'a point de Nageoires, mais en leur place, il a sous le ventre deux petits pieds, qui ont chacun quatre doigts fort foibles, pour pouvoir supporter le fais d'un corps si lourd & si pesant : Et il n'est pourvu d'aucune autre defense. Ce Poisson vit d'herbe qui croît aupres des Rochers, & sur les basses qui ne sont couvertes que d'une brasse, ou environ d'eau de mer. Les femelles mettent leur fruit hors, à la fasson des Vaches, & ont deus tetines avec lesquelles elles allaitent leurs petits. [...] Entre tous les Poissons, il n'y en a aucun qui ait tant de bonne chair que le Lamantin. Car il n'en faut souvent que deus ou trois, pour faire la charge d'un grand Canot, & cette chair est semblable à celle d'un animal terrestre, courte, vermeille appetissante, & entre-meslée de graisse, qui estant fondüe ne se rencit jamais. Lors qu'elle a esté deus ou trois jours dans le sel, elle est meilleure pour la santé que quand on la mange toute fraiche. On trouve plus souvent ces Poissons à l'embouchure des Rivieres d'eau douce qu'en pleine Mer. Les curieus, font grand état de certaines pierres qu'on trouve en leur tête, à cause qu'elles ont la vertu à ce qu'ils disent, estant reduite en poudre, de purger les reins de gravelle, & de briser méme la pierre qui y est formée. Mais, à cause que ce remede est violent, on ne conseille à personne d'en user, sans l'avis d'un sage & bien experimenté Medecin. »

La légende des sirènes

Quelques décennies après le début de la *Conquista*, entre 1572 et 1577, Philippe II envoya une véritable expédition scientifique en Amérique centrale, puis au Mexique, dirigée par le médecin Francisco Hernandez (11). Ce dernier dressa un portrait du lamantin presque totalement copié sur celui d'Oviedo, mais ce fut lui qui fournit le premier dessin de cet animal, dans lequel il insistait beaucoup sur la forme des organes génitaux :

« ... les mains de cet animal portent cinq ongles semblables à ceux de l'homme, qu'il a le nombril & l'anus larges, la vulve comme celle d'une femme, la verge comme celle d'un cheval, la chair & la graisse comme celle d'un cochon gras, & enfin les côtes & les viscères comme un taureau : qu'il s'accouple sur terre à la manière humaine, la femelle renversée sur le dos, & qu'elle ne produit qu'un petit, qui est d'une grosseur monstrueuse en naissant. »

Cette description se termine par de pures spéculations, très anthropomorphiques, et vraisemblablement inspirées des vieilles légendes sur les sirènes. D'ailleurs, Christophe Colomb (4) avait écrit dans ses notes :

« Dans une baie du litoral d'Hispaniola, j'ai observé trois sirènes qui étaient loin d'être aussi belles que celles du vieil Horace. »

Bien plus tard, durant la seconde moitié du XVIIe siècle, Oexquemelin (42), médecin français proche des flibustiers de l'île de la Tortue, ajoutait des précisions anatomiques qui allaient contribuer à renforcer la légende des sirènes :

> « Quant aux parties génitales, après les avoir examinées, je les ai trouvées tant internes qu'externes, plus semblables à celles de l'homme & de la femme que dans aucun autre animal. Les femelles ont deux mamelles, qui ne different nullement en situation, en grandeur, grosseur, figure & substance de celle des femmes noires. J'ai été curieux de sucer du lait de quelques-unes de ces femelles qui nourrissaient, je l'ai trouvé aussi bon que le lait des animaux parfaits par la copulation. »

Les hommes de science qui se penchèrent par la suite sur la biologie et l'histoire naturelle de ces animaux, s'efforcèrent de s'en tenir essentiellement aux descriptions anatomiques, écartant une bonne partie des récits qui devaient leur paraître invraisemblables. Mais quand il fallut trouver une dénomination aux lamantins, ce groupe ayant d'abord été improprement classé comme cétacé herbivore, le nom de *Sirenia* fut proposé. Voici ce qu'en disait Gervais (108), dans son *Histoire Naturelle des Mammifères*, en 1855 :

> « Le nom de Sirenia, qu'Illiger a imposé dès 1811 au groupe des Sirénides, rappelle l'opinion émise par plusieurs naturalistes de la renaissance ou plus récents, que les fables imaginées par les anciens au sujet de leurs sirènes, reposent sur une notion incomplète de ces Animaux. En effet, quoique les Sirénides manquent en Méditerranée et aux autres mers qui baignent l'Europe, ils peuvent bien avoir été connus dans l'antiquité, puisqu'il y en a des espèces au Sénégal, dans la mer Rouge et dans la mer des Indes ; mais, en réalité, rien dans ces animaux ne confirme ce que l'on a autrefois écrit au sujet des Sirènes de la Mythologie, et on ne voit ni chez eux, ni chez les espèces d'aucune classe, ces associations bizarres de particularités hétérogènes, empruntées par l'ignorance à des êtres si différents les uns des autres, et si arbitrairement associés que dans les Sirènes de la mythologie, ou dans tant d'autres êtres fantastiques que les artistes se plaisent encore, on ne sait trop pourquoi, à reproduire dans leurs compositions. »

La chasse au lamantin

Les lamantins firent l'objet d'une chasse importante et les récits des premiers voyageurs témoignent de l'existence de populations initialement très nombreuses. Elles furent rapidement exploitées de façon intense, d'autant plus que cette pêche était beaucoup plus facile à pratiquer que celle de la baleine. C'est ainsi que la rhitine de Steller disparut totalement peu après sa découverte, et qu'il ne reste actuellement que des populations résiduelles des autres espèces de siréniens. Antoine Biet (33), après son séjour en Guyane, en 1652, écrivait à ce sujet :

> « ... il y a dans de certains lieux de ces poissons en si grande quantité à dix ou douze lieuës de nostre Isle (*Cayenne*), qu'on en peut remplir une grande Barque en un jour, pourveu qu'on ait des personnes qui se servent bien du harpon. »

Les récits de François Leguat (40), huguenot français abandonné en 1695 avec huit de ses compagnons sur une île déserte, en plein milieu de l'océan Indien (île Rodriguez), décrivent avec beaucoup de précision la faune marine et terrestre qu'ils découvrirent. A propos du dugong, que l'on confondait à l'époque avec le lamantin, Leguat écrivait :

> « Nous trouvions quelquefois trois ou quatre cents de ces animaux ensemble qui paissoient l'herbe au fond de l'eau ; ils étoient si peu effarouchés, que souvent nous les tâtions pour choisir le plus gras ; nous leur passions une corde à la queue pour les tirer hors de l'eau ; nous ne prenions pas le plus gros, parce qu'ils nous auroient donné trop de peine, & que d'ailleurs leur chair n'est pas si délicate que celle des petits... »

A l'époque, les populations animales paraissaient inépuisables et, 150 ans après la première colonisation des Antilles, voici comment le prêtre missionnaire du Tertre (35) décrivait l'exploitation du lamantin :

> « ... après avoir bien beu & mangé, il s'endort, le mufle à demy hors de l'eau, ce qui le fait connoitre de bien loin par les pescheurs, qui ne manquent point de courir sus & l'attraper en cette façon.
> Ils se mettent deux, trois, ou plus, dans un petit Canot (qui est une petite nacelle toute d'une piece, faite d'un arbre creusé en forme de chaloupe) le Cabareur (*pagayeur*) est sur l'arrière du canot, qui remüe à droit & à gauche la pelle de son aviron dedans l'eau ; de sorte que non seulement il gouverne le canot, mais encor le fait avancer aussi viste que s'il estoit poussé d'un petit vent & à demy voiles. Le Vareur (c'est celuy qui darde la beste) est tout droit sur une petite planche au devant du canot, tenant la varre en main (qui est une façon de pique, le bout de laquelle est emboité dans un harpon ou javelot de fer). Le troisiéme est dans le milieu du canot, qui dispose la ligne, qui est attachée au harpon, pour la filer, lors

que la beste sera frappée. Tous gardent un profond silence ; car cét animal a l'oüye si subtile, qu'une seule parole ou le moindre clabottement d'eau contre le canot, est capable de luy faire prendre la fuite, & frustrer les pescheurs de leur esperance. Il y a plaisir à les voir, car le Varreur palpite de peur que la beste ne luy échape, & s'imagine tousjours que son Cabareur n'employe que la moitié de ses forces, quoy qu'il fasse tout ce qu'il peut de ses bras, & ne destourne jamais les yeux de dessus la Varre, du bout de laquelle le Varreur luy monstre la piste qu'il doit tenir pour arriver à la beste, qui les attend toute endormie. Lors que le canot en est proche de trois ou quatre pas, le Varreur darde son coup de toute sa force, & luy enfonce le harpon pour le moins demy pied dans la chair. La Varre tombe dans l'eau, & le harpon demeure attaché à la beste, laquelle est à demy prise. Alors cét animal se sentant si rudement outragé, ramasse toutes ses forces & les employe à se sauver : il bondit comme un cheval eschappé, fend les ondes comme l'Aigle fend l'air, & fait écumer et blanchir la mer par tous les lieux où il passe. Il croist s'éloigner de son ennemy, mais il le porte par tout apres soy, de sorte qu'on prendroit le varreur pour un Neptune conduit en triomphe par un monstre marin. En fin, apres avoir bien trainé son malheur en queuë, & perdu une bonne partie de son sang, les forces luy manquent, l'haleine luy deffaux, & comme reduit aux aboys, il est contraint de s'arrester tout court pour prendre un peu de repos : mais il n'est pas plustost arresté que le Varreur, tirant sa ligne se rapproche de luy, & luy darde un second coup de harpon mieux asséné & plus violent que le premier. A ce second coup, la beste fait encore quelques foibles efforts, mais en peu de temps elle est reduite à l'extremité, & les pescheurs l'entraisnent aisément à la rive du premier islet, ou l'embarquent dans le canot, s'il est assez grand pour le contenir. La femelle fait deux petits qui la suivent par tout : elle a sous le ventre deux tetins, desquels elle les allaite dans la mer, comme une vache allaite son veau sur terre. Si on prend la mere, on est asseuré d'avoir les petits ; car ils sentent leur mere, & ne font que tournoyer autour du Canot, jusqu'à ce qu'on les ait fait compagnons de son malheur.

La chair de cét animal fait une bonne partie de la nourriture des habitants de ce pays. On en apporte tous les ans de la terre ferme (*continent*), & des isles circonvoisines plusieurs navires chargez, & tant à la Guadeloupe, à Saint Christophe, à la Martinique, qu'aux autres isles prochaines, la livre y est venduë une livre ou livre & demy de petun (*tabac*). »

Cette pratique commerciale est confirmée par les Français établis à Cayenne (de Fortia, en 1652) :

« … on voyait quelquefois cinq ou six navires anglais et flamands qui venaient pêcher le lamantin qu'ils allaient échanger aux îles, pour y recevoir du tabac et autres marchandises… »

Quelques éléments sur la biologie des lamantins

L'Ordre des siréniens comporte actuellement quatre espèces. Ce groupe, issu d'ancêtres terrestres, est identifiable par des fossiles très anciens, dès le début de la radiation des mammifères, au Paléocène. Les deux familles actuelles sont également très anciennes. La première (Trichéchidés) comprend les trois espèces de lamantin : - le lamantin des Antilles *Trichechus manatus*, - le lamantin d'Amazonie *T. inunguis*, qui comme son nom l'indique ne possède pas d'ongles, - et le lamantin du Sénégal *T. senegalensis*. Le lamantin des Antilles est réparti le long des côtes atlantiques américaines, dans la zone où les eaux ne descendent pas en dessous de 25°C. Il ne s'éloigne guère de plus de huit kilomètres des rivages et il peut remonter les estuaires ou s'établir dans certains marécages côtiers. Alors que sa sous-espèce *T. m. latirostris* est inféodée à la Floride, la seconde, *T. m. manatus*, occupe le reste des côtes continentales et des îles. Le lamantin d'Amazonie, *T. inunguis*, occupe tout le bassin de l'Amazone et de ses grands fleuves. Quant au lamantin du Sénégal, *T. senegalensis*, il est réparti le long des côtes atlantiques africaines, entre le Sénégal et l'Angola. La seconde famille (Dugongidés) comprend le dugong (*Dugong dugon*) et la rhitine de Steller (*Hydrodamalis gigas*), aujourd'hui éteinte. Le dugong est réparti depuis la mer Rouge, le golfe persique, l'océan Indien et une partie de l'océan Pacifique, jusqu'au nord de l'Australie. La rithine de Steller était localisée autour de quelques îles de l'archipel des Aléoutiennes, dans la mer de Behring. Découverte en 1741 par Behring et Steller (naturaliste qui accompagnait l'expédition), puis intensément chassée, elle avait presque disparu 10 ans plus tard et les derniers individus furent tués en 1768.

Les siréniens sont essentiellement herbivores, se nourrissant de végétaux flottants ou riverains, ou bien broutant les herbiers marins qui se développent sur les fonds sableux peu profonds. Certaines algues sont également consommées. La rithine était liée à la présence de grandes algues laminaires, localement appelées « kelp ». La denture des siréniens est adaptée à la texture de ces différents végétaux abrasifs : chez les lamantins, il n'existe que des molaires, qui poussent d'arrière en avant, les nouvelles remplaçant les antérieures au fur et à mesure qu'elles s'usent. Ainsi, un individu peut avoir, au cours de sa vie, et par demi-mâchoire, une trentaine de molaires qui se succèdent. Chez les dugongs il n'existe que trois prémolaires et trois molaires par demi-mâchoire. Un peu comme chez les éléphants, ces dents vont pousser successivement, au fur et à mesure de l'usure des antérieures, mais les deux dernières sont définitives. A remarquer que chez le dugong et chez la rhitine, les mâles possèdent deux incisives supérieures formant des petites défenses, un peu comme chez les morses, ce qui avait conduit les auteurs du XVIIIe siècle à réunir ces deux groupes dans une même famille. Les siréniens vont rarement se nourrir au-delà de 12 mètres de profondeur, les apnées durent environ quatre minutes, ils nagent ordinairement à la vitesse de trois à sept kilomètres/heure mais peuvent faire des pointes de 25 kilomètres/heure. Leur queue, en forme de pelle de boulanger, leur sert de propulseur et, quand ils se nourrissent au fond de l'eau, ils s'appuient sur leurs nageoires comme sur des pattes. Ils peuvent également s'aider des nageoires pour porter certains aliments à la bouche.

La rithine était la plus grosse espèce de siréniens, certains individus atteignant 6 mètres de longueur et pesant jusqu'à 4 tonnes. Le lamantin des Antilles mesure 2,50 à 3,50 mètres de longueur pour environ 400 à 500 kilogrammes (maximum 900 kilogrammes). On se rend compte que les auteurs anciens avaient exagéré la taille de ces animaux. Le lamantin d'Amazonie, plus petit que les autres, est toujours inférieur à 2,80 mètres et à 280 kilogrammes. Le lamantin du Sénégal et le dugong se situent dans des tailles intermédiaires. L'espérance de vie du lamantin est d'une cinquantaine d'années et la femelle est mature entre quatre et cinq ans. La gestation dure environ un an et le nouveau-né pèse une trentaine de kilogrammes. La présence de jumeaux est rare. Les lamantins sont solitaires mais la mère reste accompagnée de son jeune pendant au moins deux ans. Les rassemblements peuvent être dûs à une concentration de nourriture, à la présence d'une femelle en œstrus, attirant les mâles, et parfois à des migrations, lorsque ces animaux recherchent, en hiver et dans certaines régions, des eaux moins froides. A remarquer qu'en Floride les lamantins se concentrent à proximité des centrales nucléaires rejetant des eaux chaudes.

Les siréniens sont maintenant protégés, mais les populations sont réduites à quelques dizaines de milliers d'individus (environ 2 000 pour la Floride). La première menace est constituée par les hélices de bateaux et, en Floride où ils sont particulièrement suivis, 97% des individus en portent des cicatrices. Ils sont également clandestinement chassés, d'abord pour leur viande et leur graisse, mais aussi pour leurs peaux, et pour les petits os proches de l'oreille interne (lamantin), qui servent de talismans.

V.
L'éléphant

Bien connu dans l'Antiquité, principalement depuis la conquête d'Alexandre le Grand en Asie, en 330 Av J.-C., l'éléphant fut utilisé dans le monde méditerranéen comme animal de guerre, puis lors d'exhibitions et de combats dans les jeux de cirques. Une longue période de quasi oubli suivit la chute de l'Empire romain avec, cependant, au Moyen Age, l'importation de rares individus en Europe. Il s'agissait alors de cadeaux diplomatiques envoyés par des souverains orientaux à certains monarques européens. Le calife de Bagdad, Haroun al-Rachid, en offrit un à Charlemagne en 801. Plus tard, pendant les croisades, Frédéric II en reçut un en 1229, et Saint Louis un autre en 1254, qu'il offrit à son tour à Henri III d'Angleterre. Mais ces quelques individus ne vécurent pas longtemps et ne laissèrent aucun témoignage scientifique. Il fallut attendre les XVIe et XVIIe siècles pour que l'Europe redécouvre l'éléphant.

Les Portugais furent les premiers à en rapporter des côtes africaines et asiatiques. Le roi Manuel 1er en offrit un au pape Léon X, en 1514, et Alphonse VI un autre à Louis XIV en 1668. Ce dernier animal provenait du Congo et avait quatre ans quand il arriva à Versailles. Les académiciens eurent tout le loisir de l'observer et de décrire son comportement ; voici ce qu'en dit Claude Perrault (37), académicien, frère du célèbre écrivain Charles Perrault :

> « Sa nourriture journalière consistoit en 80 livres de pain, 12 pintes de vin, deux seaux de potage, où il entroit quatre à cinq livres de pain. De deux jours l'un, au lieu de potage au pain, on lui donnoit deux seaux de biscuit à l'eau. Il avoit encore chaque jour, sans ce que pouvoient lui donner les curieux qui le visitoient, une gerbe de bled pour s'amuser ; car, après avoir mangé le grain des épis, il faisoit, avec la paille, des émouchoirs, dont il prenoit plaisir à s'éventer le corps ; puis il la rompoit avec sa trompe par petits morceaux. En outre, comme on le menoit promener dans la belle saison, il mangeoit beaucoup d'herbe qu'il arrachoit avec sa trompe. »

Entouré de beaucoup de soins et disposant, pendant l'hiver, d'un local vitré et chauffé, ce jeune éléphant ne disposait cependant pas, semble-t-il, d'un régime alimentaire convenable (en particulier l'absorption quotidienne d'environ 12 litres de vin !). Après sa mort prématurée, à l'âge de 17 ans, il fut disséqué, dévoilant ainsi de nombreux mystères à la science de l'époque ; en voici un succinct rapport de l'Académie :

> « Un éléphant de la Ménagerie de Versailles, étant mort, l'Académie fut mandée pour le disséquer ; M. Du Verney en fit la dissection, M. Perault la description des principales parties, et M. de La Hire en fit les dessins : jamais peut-être dissection anatomique ne fut si éclatante, soit par la grandeur de l'Animal, soit par l'exactitude que l'on apporta à l'examen de ses parties différentes, soit enfin par la qualité et le nombre des Assistants : on avoit couché le sujet sur une espèce de Théâtre assez élevé : le Roi ne dédaigna pas d'être présent à l'examen de quelques-unes des parties : et lorsqu'il y vint, il demanda avec empressement où étoit l'Anatomiste, qu'il ne voyoit point ; M. du Verney s'éleva aussitôt des flancs de l'Animal, où il étoit pour ainsi dire englouti. »

Plus d'un siècle après cet événement, le 19 floréal de l'an 10 (1802), à l'occasion de la dissection de Hans, autre éléphant célèbre (voir paragraphe suivant), le journal *Le Publiciste* rappelait cette dissection historique dans des termes plus fleuris :

> « A peine l'Eléphant eût-il rendu les derniers soupirs, qu'un courrier fut expédié pour en informer l'Académie des Sciences, et lui porter l'ordre de se rendre en corps à Versailles. Elle s'y rendit avec un arsenal complet de physique et d'anatomie. [...] Duverney se plaça dans le coffre de l'éléphant pour opérer plus à son aise ; ce fut dans ce moment que Louis XIV entra pour satisfaire sa curiosité, et pour inspirer de l'émulation aux académiciens. Le roi ne voyant point l'opérateur, dit : où est donc l'anatomiste ? Dans l'instant Duverney, le scalpel à la main, sortit du ventre de l'animal comme d'une caverne, pour répondre à sa majesté, et la remercier de son attention. »

Durant les 13 ans de captivité passés à Versailles, cette jeune éléphante (prise pour un mâle jusqu'au jour de sa dissection) tua une personne et en blessa une autre grièvement. De nombreuses anecdotes la concernant sont reprises dans les œuvres de Buffon (65) qui, 80 ans plus tard, fit une synthèse de tout ce qui était connu sur l'éléphant (on pensait, à l'époque, que les éléphants ne formaient qu'une seule espèce, avec de simples nuances de taille et de morphologie selon les régions du monde). En 1764, lorsqu'il publia la partie de son œuvre consacrée à cette espèce, il n'en avait pas encore vu de vivant : ce n'est que sept ans plus tard, en 1771 qu'un individu originaire d'Asie sera présenté à la foire de Saint-Germain, et deux ans après, qu'un autre arrivera à la ménagerie de Versailles. Buffon disposait du squelette et des descriptions anatomiques de l'éléphant de Louis XIV, de quelques éléments anatomiques réunis dans les collections du Jardin du Roi (actuel Muséum national d'histoire naturelle), et surtout de gravures et de récits rapportés par certains voyageurs. Il présenta néanmoins l'éléphant d'une façon assez proche de la réalité pour tout ce qui concernait son anatomie. En revanche, ses descriptions du comportement, fortement empreintes d'anthropomorphisme, sont assez fantaisistes, reflétant les préjugés et les croyances de l'époque.

Intelligence, qualités morales et sexualité de l'éléphant

Dès l'Antiquité, l'éléphant se fit remarquer par son intelligence et par la complexité des tâches qu'il était capable de réaliser. Dans la mesure où l'appréciation des comportements animaux était faite par rapport aux qualités humaines, certains allèrent jusqu'à attribuer à l'éléphant des vertus morales et religieuses. Mais Buffon réfutera l'existence de cette soi-disant religion primitive :

> « Pline, Elien, Solin, Plutarque, et d'autres auteurs plus modernes, n'ont pas craint de donner à ces animaux des mœurs raisonnées, une religion naturelle et innée, l'observance d'un culte, l'adoration quotidienne du soleil et de la lune, l'usage de l'ablution avant l'adoration, l'esprit de divination, la piété envers le ciel et pour leurs semblables, qu'ils assistent à la mort, et qu'après leur décès ils arrosent de leurs larmes et recouvrent de terre, etc. »

La légende actuelle des cimetières d'éléphants est d'ailleurs une réminiscence de ces anciennes croyances. Les auteurs du XVIIIe siècle se démarqueront des écrits anciens, en particulier de ceux d'Aristote, et fonderont leurs analyses et leurs déductions sur l'étude objective des pièces anatomiques, mais aussi sur les témoignages émanant de contemporains considérés comme dignes de foi. Buffon annonce, en préambule, qu'en écartant…

> « … les fables de la crédule antiquité, en rejettant aussi les fictions puériles de la superstition toujours subsistante, il reste encore assez à l'éléphant, aux yeux même du philosophe, pour qu'il doive le regarder comme un être de la première distinction ; il est digne d'être connu,

d'être observé ; nous tâcherons donc d'en écrire l'histoire sans partialité, c'est-à-dire sans admiration ni mépris... »

Mais la pauvreté des collections et la force des préjugés de l'époque conduiront Buffon à des déductions surprenantes. Chaque prince indien possédait plusieurs centaines d'éléphants, tous d'origine sauvage, capturés dans la nature, puis dressés. Il faut savoir qu'un mâle en rut devient extrêmement dangereux pour tous ceux qui l'approchent ; il était donc plus commode d'aller puiser dans le stock d'animaux sauvages, selon les besoins, d'autant plus que le dressage est rapide. En outre, la croissance des jeunes éléphants est lente, demandant un investissement économique important avant que les individus nés en captivité ne deviennent rentables. De là, la légende, d'origine indienne, que les éléphants ne pouvaient pas se reproduire en captivité. On expliquait alors cette incapacité par leur timidité et leur grande chasteté ! Curieusement, Buffon et ses contemporains, tout en écartant l'idée d'un culte primitif célébré par les éléphants, ne remettront pas en cause les vertus morales qui leur étaient prêtées.

S'appuyant sur les témoignages du père Vincent Marie, Buffon écrit :

« L'éléphant, même sauvage, ne laisse pas d'avoir des vertus : il est généreux, et tempérant ; et quand il est domestique, on l'estime par sa douceur et sa fidélité envers son maître, son amitié pour celui qui le gouverne, &c. S'il est destiné à servir immédiatement les princes, il connoit sa fortune, et conserve une gravité convenable à son emploi : si au contraire on le destine à des travaux moins honorables, il s'attriste, se trouble, et laisse voir clairement qu'il s'abaisse malgré lui. A la guerre, dans le premier choc, il est impétueux et fier ; il est le même quand il est enveloppé par les chasseurs : mais il perd le courage lorsqu'il est vaincu. »

Tous les auteurs de l'époque insistent sur les capacités de mémoire et de rancune de l'éléphant. Voici ce qu'en disait le marquis de Montmirail, informateur en qui Buffon faisait entière confiance, compte tenu de « son goût pour les arts et les sciences, son zèle pour leur avancement, [...] fondés sur un discernement exquis et sur des connaissances très étendues dans toutes les parties de l'histoire naturelle » :

« ... si l'éléphant marque de la répugnance à ce qu'il exige de lui, le cornac (c'est ainsi qu'on appelle son conducteur) promet de lui donner de l'arack (*alcool*), ou quelque chose qu'il aime ; alors l'animal se prête à tout. Mais il est dangereux de lui manquer de parole ; plus d'un cornac en a été la victime. Il s'est passé à ce sujet, dans le Dékan, un trait qui mérite d'être rapporté, et qui, tout incroyable qu'il paroit, est cependant exactement vrai. Un éléphant venoit de se vanger de son cornac en le tuant ; sa femme, témoin de ce spectacle, pris ses deux enfans, et les jeta aux pieds de l'animal encore tout furieux, en lui disant : Puisque tu as tué mon mari, ôte-moi aussi la vie, ainsi qu'à mes enfants. L'éléphant s'arrêta tout court, s'adoucit, et, comme s'il eût été touché de regret, pris avec sa trompe le plus grand de ces enfans, le mis sur son cou, l'adopta pour son cornac, et n'en voulut point souffrir d'autres. »

Pour confirmer ce trait de caractère, Buffon ajoute les observations relevées par les académiciens français sur l'éléphant de Louis XIV :

« MM. de l'académie des sciences nous ont aussi laissé quelques faits qu'ils avoient appris de ceux qui gouvernoient l'éléphant de la ménagerie de Versailles, et ces faits me paroissent aussi meriter de trouver place ici. 'L'éléphant sembloit connoitre quand on se moquoit de lui, et s'en souvenir pour s'en venger quand il en trouvoit l'occasion. A un homme qui l'avoit trompé, faisant semblant de lui jeter quelque chose dans la gueule, il lui donna un coup de sa trompe qui le renversa, et lui rompi deux côtes, ensuite de quoi il le foula aux pieds et lui rompit une jambe, et s'étant agenouillé, lui voulut enfoncer ses defenses dans le ventre, lesquelles n'entrèrent que dans la terre aux deux côtés de la cuisse, qui ne fut point blessée. Il écrasa un autre homme, le froissant contre une muraille, pour le même sujet. Un peintre le vouloit dessiner en une attitude extraordinaire, qui étoit de tenir sa trompe levée et la gueule ouverte ; le valet du peintre, pour le faire demeurer dans cet état, lui jetoit des fruits dans la gueule, et le plus souvent faisoit semblant d'en jeter : il en fut indigné ; et comme s'il eût connu que l'envie que le peintre avoit de le dessiner étoit la cause de cet importunité, au lieu de s'en prendre au valet il s'adressa au maître, et lui jeta par sa trompe une quantité d'eau dont il gâta le papier sur lequel le peintre dessinoit. »

Se référant au témoignage du père Philippe, Buffon poursuit :

« Lorsqu'on a pris un éléphant sauvage, et qu'on lui a lié les pieds, le chasseur l'aborde, le salue, lui fait des excuses de ce qu'il l'a lié, lui proteste que ce n'est pas pour lui faire injure [...] lui expose que la plupart du temps il avoit faute de nourriture dans son premier état, au lieu que désormais il sera parfaitement bien traité, qu'il lui en fait la promesse. Le chasseur n'a pas plutôt achevé ce discours obligeant, que l'éléphant le suit comme feroit un très-doux agneau. Il ne faut pas pourtant conclure de là que l'éléphant ait l'intelligence des langues, mais seulement qu'ayant une très parfaite estimative, il connoit les divers mouvemens d'estime ou de mépris, d'amitié ou de haine, et tous les autres dont les hommes sont agités envers lui ; et pour cette cause, il est plus aisé à dompter par les raisons que par les coups et par les verges... »

Mais une autre vertu, prêtée à l'éléphant, va pousser Buffon, ainsi que tous ses contemporains, à des conclusions hasardeuses :

« ... les éléphans sont si honnêtes, qu'ils ne sauraient souffir qu'on les voie lorsqu'ils s'accouplent ; et si de hasard quelqu'un les avoit vus en cette action, ils s'en vengeroient infailliblement [...] Lorsque les femelles entrent en chaleur, ce grand attachement pour la société cède à un sentiment plus vif : la troupe se sépare par couples que le désir avoit formés d'avance ; ils se prennent par choix, se dérobent, et dans leur marche l'amour paroit les précéder et la pudeur les suivre ; car le mystère accompagne leurs plaisirs. On ne les a jamais vus s'accoupler ; ils craignent sur-tout les regards de leurs semblables, et connoissent peut-être mieux que nous cette volupté pure de jouir dans le silence, et de ne s'occuper que de l'objet aimé. Ils cherchent les bois les plus épais ; ils gagnent les solitudes les plus profondes pour se livrer sans témoins, sans troubles et sans réserve, à toutes les impulsions de la nature : elles sont d'autant plus vives et durables, qu'elles sont plus rares et long-temps attendues. La femelle porte deux ans : lorsqu'elle est pleine, le mâle s'en abstient ; et ce n'est qu'à la troisième année que renait la saison des amours. »

S'appuyant cette fois-ci sur des observations anatomiques, Buffon poursuit ses spéculations :

« ... l'éléphante n'a pas, comme les autres femelles, l'orifice de la vulve au bas du ventre et voisin de l'anus ; cet orifice en est à deux pieds et demi ou trois pieds de distance, il est situé presque au milieu du ventre : d'autre côté, le mâle n'a pas le membre génital proportionné à la grandeur de son corps, non plus qu'à celle de cet intervalle, qui, dans la situation supposée seroit en pure perte. Les naturalistes et les voyageurs s'accordent à dire que l'éléphant n'a pas le membre génital plus gros ni guère plus long que le cheval : il ne lui seroit donc pas possible d'atteindre au but dans la situation ordinaire aux quadrupèdes ; il faut que la femelle en prenne une autre et se renverse sur le dos. De Feyures et Tavernier l'ont dit positivement ; mais j'avoue que j'aurois fait peu d'attention à leurs témoignages, si cela ne s'accordoit pas avec la position des parties, qui ne permet pas à ces animaux de se joindre autrement. Il leur faut donc pour cette opération plus de temps, plus d'aisance, plus de commodités qu'aux autres, et c'est peut-être par cette raison qu'ils ne s'accouplent que quand ils sont en pleine liberté, et lorsqu'ils ont en effet toutes les facilités qui leur sont nécessaires. La femelle doit non seulement consentir, mais il faut encore qu'elle provoque le mâle par une situation indécente, qu'apparemment elle ne prend jamais que quand elle se croit sans témoins. La pudeur n'est-elle donc qu'une vertu physique, qui se trouve aussi dans les bêtes ? elle est au moins, comme la douceur, la modération, la tempérance, l'attribut général et le bel apanage de tout sexe féminin. »

Et d'ajouter en note infra-paginale :

« J'avois écrit cet article lorsque j'ai reçu des notes de M. de Bussy (*qui a vécu 10 ans en Inde*) sur l'éléphant : ce fait, que la position des parties m'avoit indiqué, se trouve pleinement confirmé par son témoignage. 'L'éléphant, dit M. de Bussy, s'accouple d'une façon singulière ; la femelle se couche sur le dos, et le mâle, s'appuyant sur ses jambes antérieures et fléchissant en arrière les postérieures, ne touche à la femelle qu'autant qu'il en a besoin pour le coït'. »

Douze ans plus tard, en 1776, Buffon montrait une grande honnêteté intellectuelle en publiant le correctif suivant :

« J'ai dit dans l'Histoire Naturelle de l'éléphant, volume XI, page 62 & suivantes, qu'on pouvoit présumer que ces animaux ne s'accouploient pas à la manière des autres quadrupèdes, parce que la position relative des parties génitales dans les individus des deux sexes, paroit exiger que la femelle se renverse sur le dos pour recevoir le mâle. Cette conjecture qui me paroissait plausible ne se trouve pas vraie, car je crois qu'on doit ajouter foi à ce que je vais rapporter d'après un témoin oculaire.
M. Marcel Bles, seigneur de Moërgestel, écrit de Bois-le-duc, dans les termes suivants :
Ayant trouvé dans le bel ouvrage de M. le comte de Buffon, qu'il s'est trompé touchant l'accouplement des éléphants, je puis dire qu'il y a plusieurs endroits en Asie & en Afrique, où ces animaux se tiennent toujours dans les bois écartés & presque inaccessibles, sur-tout dans le temps qu'ils sont en chaleur ; mais que dans l'ile de Ceylan, où j'ai demeuré douze ans, le terrain étant par-tout habité, ils ne peuvent pas se cacher si bien, & que les ayant constamment observés, j'ai vu que la partie naturelle de la femelle se trouve en effet placée presque sous le milieu du ventre, ce qui feroit croire, comme le dit M. de Buffon, que les mâles ne peuvent la couvrir à la façon des autres quadrupèdes ; cependant il n'y a qu'une légère différence de situation : j'ai vu, lorsqu'ils veulent s'accoupler, que la femelle se courbe la tête & le cou, & appuie les deux

> pieds & le devant du corps également courbés, sur la racine d'un arbre, comme si elle se prosternoit par terre, les deux pieds de derrière restant debout & la croupe en haut, ce qui donne aux mâles la facilité de la couvrir & d'en user comme les autres quadrupèdes… »

Le correctif était important, mais ce nouveau témoignage était, lui aussi, encore inexact. En effet, l'éléphante reçoit bien le mâle en position quadrupède, mais sans avoir besoin de prendre une posture « prosternée » ! On sent ici la recherche d'une sorte de compromis entre les écrits de Buffon et les observations supposées du témoin. Malgré ce rectificatif, publié 12 ans avant la mort de Buffon, la première version (femelle renversée sur le dos) gardera la préférence du public, d'autant plus que les éditeurs continueront, jusque dans les premières décennies du XIXe siècle, à rééditer les versions anciennes de *l'Histoire Naturelle des Quadrupèdes* de Buffon.

L'accouplement de l'éléphant: histoire de Hans et Marguerite (suite)

Il faut se replonger en janvier 1795, quand les troupes révolutionnaires françaises arrivèrent en Hollande. Le Stathouder Guillaume V s'enfuit en Angleterre, laissant château et parc zoologique aux envahisseurs qui ne tardèrent pas à venir s'y ravitailler, en particulier en tuant les animaux du zoo pour approvisionner leurs cuisines. Tomson, responsable hollandais des deux éléphants, Hans et Parquie, eux aussi menacés, s'adressa au général français qui arrêta ces pratiques et mit sur pied une *commission des arts et des sciences* destinée à *préserver les œuvres*. Il s'agissait en fait de repérer les objets les plus intéressants susceptibles d'enrichir les collections françaises (habitude commune à toutes les armées européennes de l'époque). Pour ce qui concernait le parc zoologique, le Muséum de Paris délégua le jardinier Thouin, ainsi que son menuisier-mécanicien Lasseigne, chargé de construire les cages destinées au transport des animaux. Ainsi, un convoi de onze quadrupèdes et trente-six oiseaux prit le chemin de Paris en août 1796. Mais le plus difficile restait à faire pour les deux éléphants Hans et Parquie. Capturés à Ceylan à l'âge d'un an, ils avaient été envoyés six mois plus tard en Hollande, accompagnés de leur cornac indien qui mourut quelques années après. D'abord hébergés dans un palais proche de La Haye, où ils furent choyés par tous les visiteurs, les deux jeunes éléphants furent envoyés, un an plus tard, au parc zoologique du Stathouder. A l'arrivée des Français, les deux éléphants, alors âgés d'une quinzaine d'années, avaient grandi et leur transport posait de gros problèmes. Une première cage fut immédiatement démolie par le mâle qui retourna aussitôt rejoindre sa femelle, à la grande satisfaction des Hollandais. Deux cages plus robustes, montées sur roues et tirées par seize chevaux, furent spécialement construites, mais après un accident et de nombreuses péripéties, dont l'arrivée du froid, il fallut reconduire les deux éléphants dans leur local. Enfin l'armée délégua un détachement de canonniers et ses ingénieurs pour la construction des cages de transport, avec une centaine de chevaux mis à disposition. Le convoi partit de Hollande en automne 1797 et il fallut 10 mois pour que les deux éléphants arrivent à Paris. Ils passèrent par les routes, les canaux et rivières, firent une partie du trajet par mer, où ils essuyèrent une tempête, et firent halte à Cambrai pendant le plus froid de l'hiver. Au printemps 1798, ils reprirent les routes, canaux et rivières, débarquèrent à Paris au port des invalides et finirent le trajet à travers la ville. Tomson (leur cornac hollandais) et Lasseigne, qui les avaient soignés et accompagnés durant cette longue période, restèrent spécialement attachés aux soins des deux éléphants au Muséum.

La popularité de Hans et Parquie, rebaptisée Marguerite en France, fut immense et tous les Parisiens allèrent les admirer, s'attendant peut-être à les voir s'accoupler. Voici ce qu'en disait la gazette *Le Moniteur Universel* :

> « … lorsque la femelle descendit de sa cage, elle jeta d'abord un cri qui n'exprimoit que le plaisir de se voir en liberté ; elle n'apperçut point le mâle qui étoit dans le fond de la seconde loge, tout occupé de son déjeuné. Celui-ci ne se doutoit pas non plus que sa compagne fût si près de lui ; mais le cornac l'ayant appelé, il se tourna, et à l'instant ces deux animaux accourant l'un à l'autre, se mirent à pousser des cris, des sifflemens si éclatans que tout l'édifice fut ébranlé : la joie de la femelle parut encore plus vive ; elle l'exprimoit sur-tout par les battemens précipités de ses oreilles qu'elle faisoit mouvoir comme un oiseau fait de ses ailes. Elle passoit sa trompe sur le corps du mâle, avec la plus grande tendresse et la plus grande volupté ; elle la portoit particulièrement à son oreille, où elle la tenoit longtemps : souvent aussi, après l'avoir promenée sur tout le corps du mâle, elle la reportoit amoureusement à sa propre bouche. »

Le peintre, dessinateur et graveur Jean Pierre Houël (74), surtout connu pour avoir peint *La Prise de la Bastille*, se passionna pour ces deux éléphants et passa huit semaines en leur compagnie, consacrant également plusieurs nuits complètes au Muséum pour observer leur sommeil et leur comportement nocturne. Il espérait assister à certains moments d'intimité, mais il avait bien conscience que les deux animaux étaient trop jeunes pour s'accoupler. Il pensa alors, qu'avec la collaboration de musiciens, il parviendrait à les exciter suffisamment pour les pousser à des sentiments amoureux plus intenses :

> « Ce doit donc être pour nous un grand cadeau du temps et de la nature, si par quelques caresses et par quelques tentatives de nos jeunes colosses, il nous a été permis d'avoir des données assez sûres pour conjecturer quel est le mode chez eux de propager leur espèce. »

Deux concerts furent alors organisés dans le local des éléphants sous la responsabilité de Toscan, dont voici un extrait de sa correspondance avec Houël :

> « Vous pensez que l'expérience du plaisir sur des êtres sensibles vaut bien celle de la douleur : je suis de votre avis, et n'en déplaise au savant Haller et à tous les physiologistes qui ont travaillé comme lui, je crois qu'il est plus raisonnable et sur-tout plus humain, d'étudier les ressorts et les fonctions de la vie dans la vie même, que de les aller chercher dans la mort, ou dans les convulsions d'un animal expirant.
> Quoi qu'il en soit, je rends grâces aux artistes qui armés, non de scalpels et d'instruments de torture, mais de hautbois, de flûtes et de violons, sont venus exercer le charme de leur art sur deux êtres doués de sentiment, délier leurs facultés naturelles que l'esclavage tient enchaînées, les exciter, les calmer tour à tour, réveiller dans leur esprit forestier l'instinct de leur première patrie, et les conduire enfin, par les accens de la joie et de la tendresse, jusqu'aux illusions d'un amour qui, pour se satisfaire pleinement, ne veut pas de témoins ; jouissance trompeuse à la vérité, mais qui du moins a laissé entrevoir la manière dont ces animaux remplissent les fonctions auxquelles la nature les appelle pour la multiplication de leur espèce. [...]
> L'orchestre était établi hors de la vue des Eléphans, dans une galerie qui règne au-dessus de leurs loges et rangé autour d'une trappe que l'on a ouverte qu'au moment de l'exécution. [...]
> Le concert a commencé par un trio de petits airs variés pour deux violons et basses, en si majeur, d'un caractère modéré.

A peine les premiers accords se sont fait entendre, que Hans et Marguerite, prêtant l'oreille, ont cessé de manger ; bientôt ils ont accouru vers l'endroit d'où partoient les sons. [...] Ce changement d'état a été sur-tout remarquable à la fin du trio, que les exécutans ont terminé par l'air de danse, en si mineur, de l'Iphigénie en Tauride de Gluck, musique d'un caractère sauvage et fortement prononcé, qui leur a communiqué toute l'agitation de son rythme [...] on eût dit qu'ils suivaient les ondulations du chant et de la mesure. [...] Cette scène muette a pris tout-à-coup un caractère d'emportement et de désordre aux accens gais et vifs de l'air 'ça ira', exécuté en ré, par tout l'orchestre (*treize musiciens*), air dont l'effet étoit singulièrement augmenté par le son perçant de la petite fûte. »

Jean Pierre Houël, qui a consacré un ouvrage à l'étude de ces deux éléphants, écrit :

« Mais ce dont j'ai été témoins, quelques jours après ce concert si puissant sur eux, ajouta de nouvelles inductions à celles qu'on avoit déjà recueillies ; et peut-être ces animaux, déjà si favorisés de la nature par le degré d'intelligence qu'elle leur a départi, devront-ils passer pour avoir le moyen de multiplier leurs jouissances dans les plaisirs par la variété qu'ils y apportent eux-mêmes ?
En effet, non-seulement au 10 prairial, pendant le premier concert dont le cit. Toscan a décrit les effets, ces animaux ont entrelacé mutuellement leurs trompes avec toutes les étreintes de l'amour, comme je les ai représentés planche XV ; non seulement au 16 du même mois, lorsque les élèves trompettes voulurent essayer ce que pouvoient produire sur ces animaux leurs bruyants instruments, je les vis sensibles aux tons graves et tendres, renouveller les caresses déjà connues, y ajouter quelques rafinemens, tels que celui de mêler à leur urine, quelques poignées de foin qu'ils paroissoient manger avec délice, mais entre ces deux concerts, au 3 et 28 messidor, je vis se succéder tous les jeux que pouvoit leur conseiller la passion la plus vive, à laquelle il ne manquoit que la maturité de l'âge, un climat plus favorable, et plus grande liberté pour avoir des suites efficaces. Dans ces deux circonstances, que n'ai-je pas eu à observer ? Leur langage étoit expressif. [...] Oh ! le langage des animaux n'est pas moins éloquent que le nôtre ; et il lui est peut-être en cela supérieur, en ce qu'il n'est jamais que l'expression naïve et vraie d'un sentiment qui existe. [...] Avec quel étonnement je les surpris s'enlaçant réciproquement les jambes, et Parkie poussant Hans contre le mur, où, renversée sur le dos, sollicitant ses caresses ! Comme la trompe remplissoit les fonctions que des mains lassives n'eussent peut-être pas remplies avec plus d'exactitude. Dans quel état brillant étoit Hans ! Tels

> j'ai représenté, planche X, les signes de la passion chez le mâle, [...] mais je ne le vis rien conclure. Les désirs de Marguerite n'étoient point remplis, elle restoit couchée sur le dos, les jambes levées en l'air, telle qu'on la voit dans le lointain du paysage, où je les ai représentés planche XVI. L'âge ne permettoit apparemment point à Hans d'être aussi instruit qu'elle, plus précoce évidemment dans ce qui tenoit de l'amour. [...]
> Ce fut dans la dernière décade de pluviôse an 7, que j'observai ce que je vais décrire. Hans étoit tranquille ; Parkie l'approche, l'agace ; elle le provoque avec sa trompe ; elle se présente, non pas, il est vrai, comme on le voit ici, renversée sur le dos et les jambes élevées, mais reculant jusqu'à son mâle chéri, allongeant ses jambes en avant pour baisser la poitrine et présenter plus élevée la partie opposée. Telle on voit dans nos gouttières la chatte passionnée, indiquer au matou, qui bientôt l'accolle, la route des plaisirs ; telle la pauvre Parkie attend, à ses expressives sollicitations, une réponse qu'elle a la douleur de ne point voir arriver.
> Cette posture de la femelle de l'Eléphant, qui pourroit servir à combattre l'opinion que l'autre posture sembloit devoir faire adopter, ne seroit-elle que l'indice d'une double manière que la nature les autorise à prendre pour arriver à ses fins ? Cette double manière d'exécuter un même acte, ne concilieroit-elle pas tous les écrivains ? »

Les observations de Houël réconcilient en effet les deux anciennes hypothèses, tout en renforçant le côté humain des éléphants ! En revanche, les jeux sexuels exécutés devant témoins mettent à mal les idées de chasteté et de pudeur imputées à l'éléphant par Buffon. Mais les mœurs ont changé sous la Révolution, et voici ce qu'en dit Houël :

> « La pudeur ! Eh ! quelle notion d'indécence trouveroient-ils donc à se reproduire ? Quelle seroit cette perfection ou cette exaltation d'intelligence, qui leur feroit distinguer l'honnête du malhonnête dans un acte auquel les pousse invinciblement la nature. Ah ! que l'homme civilisé, pour le maintien de ce que l'on appelle les mœurs publiques, pour multiplier les liens des familles, et ne point détruire les rapports sociaux, se soit fait des loix de pudeur, j'y consens ; mais que l'Eléphant soit plus scrupuleux que ne l'est le cheval, cet utile compagnon de nos travaux ; que ne l'est le taureau vigoureux qui, sous les yeux de l'innocente pastourelle, saille la vache qu'elle lui conduit ; que l'âne qui, dans le milieux des villes, offre à tous les regards les symptômes étonnans de sa passion qu'il assouvit ; que le chien qui, dans la rue, dispute à vingt rivaux la proie de son amour, et long-temps laisse apercevoir la preuve de son union ; que le coq qui, voltigeant de belle en belle, chante à chaque victoire, sans que les crêtes de ses poulettes acquièrent un rouge plus foncé ; que la simple et timide colombe [...] La

mouche qui, sur ma main, tombe enlacée à son amant et y reste émue de plaisir, alors qu'il s'envole, auroit donc offensé la pudeur. Ah ! bannissons ces absurdes suppositions de pudeur dans les actes des animaux... »

On imagine mal, actuellement, une équipe de scientifiques organiser un concert pour étudier le comportement sexuel d'une espèce ; les conclusions de Jean Pierre Houël sont à mettre sur le compte d'une exaltation romantique, renforcée par les écrits de Buffon et par les préjugés de l'époque. Mais son récit laisse perplexe. Il est probable que les deux jeunes éléphants, retrouvant un environnement stable, pendant les beaux jours de l'été, bien entourés, et poussés par les festivités organisées autour d'eux, se soient plus volontiers livrés à des jeux, comme le font tous les jeunes mammifères. On sait que dans leurs jeux, qui ne sont qu'une préparation à des activités futures, les animaux immatures mêlent des comportements sexuels, agressifs, sociaux, des poursuites, des roulades, etc. Il est donc probable que certaines prémices d'activités sexuelles aient pu apparaître dans les comportements observés par Jean-Pierre Houël. Mais il lui était difficile, à cette époque, de distinguer, lesquelles, de ces diverses séquences comportementales, appartenaient à la catégorie des comportements sexuels. De toute évidence, les roulades et les postures sur le dos ont été prises pour des invites sexuelles, car cela concordait avec les idées en cours.

Mais toutes ces supputations seront démenties. Voici ce qu'en dit le *Dictionnaire Universel d'Histoire Naturelle* (122) en 1844 :

> « M. Corse en a vu se reproduire en captivité, dans l'Inde, et il donne sur ce sujet des détails aussi précieux que singuliers (*Transact. Philos. De la Soc. Roy. De Londres*). En 1793, il fit mettre sous le même hangar un mâle éléphant et une femelle en chaleur. Le 27 juin, il fit détacher le mâle qui la couvrit en présence des gardiens et d'une foule de curieux. 'Après quelques jeux et quelques caresses, dit M. Corse, le mâle monta les deux jambes de devant sur la femelle, étreignant ses épaules avec ses pieds et pressant son front avec sa trompe. Le surplus se passa à peu près de la même manière et dans le même temps que le même acte entre un cheval et une jument'. »

La trompe de l'éléphant et l'allaitement du petit

La trompe est un organe étonnant, réunissant flair, toucher, préhension, prise alimentaire, boisson, etc. Cet organe, constitué à la fois par le nez et par la lèvre supérieure, est apparu dans plusieurs lignées de mammifères comme les tapirs ou certains insectivores (musaraignes, élephantulus), etc., mais c'est dans celle des éléphants qu'elle a atteint le plus grand développement et la plus grande complexité. Voici ce qu'en dit Buffon :

> « A l'égard du sens du toucher, il ne l'a, pour ainsi dire, que dans la trompe ; mais il est aussi délicat, aussi distinct dans cette espèce de main que dans celle de l'homme. Cette trompe, composée de membranes, de nerfs et de muscles, est en même temps un membre capable de mouvement et un organe de sentiment : l'animal peut non seulement la remuer, la fléchir, la courber et la tourner en tout sens. L'extrémité de la trompe est terminée par un rebord qui s'allonge par le dessus en forme de doigt ; c'est par le moyen de ce rebord et de cette espèce de doigt que l'éléphant fait tout ce que nous faisons avec les doigts : il ramasse à terre les plus petites pièces de monaie ; il cueille les herbes et les fleurs en les choisissant une à une ; il dénoue les cordes, ouvre et ferme les portes en tournant les clefs et poussant les verroux [...] L'éléphant a donc le nez dans la main [...] La délicatesse du toucher, la finesse de l'odorat, la facilité du mouvement et la puissance de succion se trouvent donc à l'extrémité du nez de l'éléphant. De tous les instrumens dont la nature a si libéralement muni ses productions chéries, la trompe est peut-être le plus complet et le plus admirable. »

Mais Buffon, subjugué par l'intelligence et les facultés de l'éléphant, est surpris de voir que, proportionnellement à sa taille, son cerveau n'est pas plus volumineux que celui des autres quadrupèdes. On sait, aujourd'hui, que la taille du cerveau n'est pas directement proportionnelle à la dimension corporelle. Si l'on veut mettre en parallèle, taille du cerveau, et capacités cognitives de diverses espèces de mammifères, il faut choisir des animaux de taille équivalente. Mais ignorant ces lois dites d'allométrie, Buffon, qui recherche une explication logique, suppose que le siège de l'intelligence et des sensations de l'éléphant doit se trouver dans sa trompe, et non dans son cerveau :

> « Au reste, quoique l'éléphant ait plus de mémoire et plus d'intelligence qu'aucun des animaux, il a cependant le cerveau plus petit que la plupart d'entre eux, relativement au volume de son corps ; ce que je ne rapporte

que comme une preuve particulière que le cerveau n'est point le siege des sensations, le sensorium commun, lequel réside au contraire dans les nerfs des sens et dans les membranes de la tête : aussi, les nerfs qui s'étendent dans la trompe de l'éléphant sont en si grande quantité, qu'ils équivalent pour le nombre à tous ceux qui se distribuent dans le reste du corps. C'est donc en vertu de cette combinaison singulière des sens et des facultés uniques de la trompe que cet animal est supérieur aux autres par l'intelligence, malgré l'énormité de sa masse, malgré la disproportion de sa forme ; car l'éléphant est en même temps un miracle d'intelligence et un monstre de matière [...] Quoique cet animal soit, ainsi que tous les autres, privé de la puissance de réfléchir, comme ses sensations se trouvent combinées dans l'organe même (*la trompe*), qu'elles sont contemporaines, et, pour ainsi dire, indivises les unes avec les autres, il n'est pas étonnant qu'il ait de lui-même des espèces d'idées, et qu'il acquière en peu de temps celles qu'on veut lui transmettre. »

Mais ce qui étonne le plus Buffon, c'est la façon dont l'éléphant se sert de sa trompe pour boire :

« Il faut qu'il prenne sa nourriture, et même sa boisson, avec le nez ; il la porte ensuite non pas à l'entrée de la gueule, mais jusqu'à son gosier ; et lorsque sa trompe est remplie d'eau, il en fourre l'extrémité jusqu'à la racine de la langue, apparemment pour rabaisser l'épiglotte, et pour empêcher la liqueur, qui passe avec impétuosité, d'entrer dans le larynx ; car il pousse cette eau par la force de la même haleine qu'il avoit employée pour la pomper ; elle sort de la trompe avec bruit, et entre dans le gosier avec précipitation : la langue, la bouche ni les lèvres ne lui servent, à sucer ou laper sa boisson.

S'appuyant alors à la fois sur ces observations, qui sont parfaitement exactes, et sur des éléments anatomiques, Buffon va postuler que le jeune éléphant tète sa mère en utilisant sa trompe :

« De là paroit résulter une conséquence singulière, c'est que le petit éléphant doit téter avec le nez, et porter ensuite à son gosier le lait qu'il a pompé : cependant les anciens ont écrit qu'il tétoit avec la gueule, et non avec la trompe ; mais il y a toute apparence qu'ils n'avoient pas été témoins du fait, et qu'ils ne l'ont fondé que sur l'analogie, tous les animaux n'ayant pas d'autre manière de téter. Il paroit donc très-vraisemblable que le petit éléphant ne tette qu'avec la trompe : cette présomption est non seulement prouvée par les faits subséquents, mais elle est encore fondée sur une meilleure analogie que celle qui a décidé les anciens. [...]

> … la grandeur de la gueule et de la petitesse du mamelon : le rebord de la trompe, que l'éléphant contracte autant qu'il lui plait, se trouve au contraire proportionné au mamelon, et le petit éléphant peut aisément, par son moyen, téter sa mère, soit debout ou couchée sur le côté. Ainsi tout s'accorde pour infirmer le témoignage des anciens sur ce fait, qu'ils ont avancé sans l'avoir vérifié ; car aucun d'entre eux, ni même aucun des modernes que je connoisse, ne dit avoir vu téter l'éléphant, et je crois pouvoir assurer que si quelqu'un vient dans la suite à l'observer, on verra qu'il ne tette point avec la gueule, mais avec le nez. »

Pourtant, comme l'avait écrit Aristote, qui avait peut-être observé des éléphants, ou tout au moins entendu les récits des soldats qui avaient accompagné Alexandre le Grand en Asie, l'éléphanteau tète bien sa mère avec la bouche et le mâle et la femelle s'accouplent bien de la même façon que de nombreux autres mammifères quadrupèdes ! Mais Buffon, avec raison, était très circonspect envers tout ce que les auteurs anciens avaient pu écrire sur la vie des animaux. Il faut dire que les textes de l'Antiquité contiennent tellement d'incohérences que les philosophes du siècle des lumières étaient tentés de tout mettre en doute, ou tout au moins d'en rejeter une bonne part. N'ayant pas la possibilité d'aller sur le terrain se livrer eux-mêmes à des observations directes, ils en étaient réduits à faire des conjectures à partir des quelques objets de collection qu'ils pouvaient étudier, tout en tenant compte des connaissances scientifiques de l'époque et des récits de voyageurs dignes de foi. Buffon n'affirme rien, il se contente de donner sa propre interprétation des faits. Lorsque de nouveaux éléments décisifs lui parviennent, il peut, alors, dans les éditions ultérieures, apporter certains rectificatifs proposant des conclusions radicalement différentes, sans que cela paraisse remettre en question la qualité de son jugement. C'est ce qu'il fera dans ses dernières éditions, autant pour l'accouplement que pour l'allaitement de l'éléphant.

La longévité des éléphants

Pour ce sujet, on retrouve encore chez Buffon, le même esprit de déduction et d'analyse. Par expérience, il sait que les espèces de grande taille ont, en général, une durée de vie supérieure à celle des espèces de petite taille, et qu'en outre, plus la croissance et l'arrivée à maturité sexuelle sont lentes, plus la durée de vie s'allonge :

« Quelques auteurs ont écrit qu'il vivoit quatre à cinq cents ans ; d'autres, deux ou trois cents, et d'autres enfin, cent vingt, cent trente ou cent cinquante ans. Je crois que le terme moyen est vrai, et que si l'on s'est assuré que les éléphans captifs vivent cent vingt ou cent trente ans, ceux qui sont libres et qui jouissent de toutes les aisances de la vie et de tous les droits de la nature, doivent vivre au moins deux cents ans : de même si la durée de la gestation est de deux ans, et s'il leur faut trente ans pour prendre tout leur accroissement, on peut encore être assuré que leur vie s'étend au moins au terme que nous venons d'indiquer. Au reste, la captivité abrége moins leur vie que la disconvenance du climat ; quelque soin qu'on en prenne, l'éléphant ne vit pas long-temps dans les pays tempérés, et encore moins dans les climats froids. »

En fait, les éléphants ont une longévité de 60 à 70 ans, et dépassent rarement 80 ans. Cette limite est liée, en partie, à leur système dentaire, très particulier (voir en encart).

Vie sociale des éléphants

Les éléphants sont des animaux sociaux, mais jusqu'au milieu du XXe siècle, et le développement des sciences du comportement (éthologie), la description de leur sociologie a été fortement empreinte d'anthropomorphisme. Quand Buffon décrit une troupe d'éléphants en déplacement, on pourrait croire qu'il s'agit d'humains encadrés par les mâles les plus expérimentés, attentifs à la sécurité des mères qui portent les plus jeunes enfants !

« Il marche ordinairement de compagnie : le plus âgé conduit la troupe ; le second d'âge la fait aller et marche le dernier ; les jeunes et les foibles sont au milieu des autres ; les mères portent leurs petits et les tiennent embrassés de leur trompe. Ils ne gardent cet ordre que dans les marches périlleuses, ... »

En réalité, comme de nombreux autres mammifères grégaires, les éléphants sont organisés en groupes matriarcaux. Les mâles adultes sont solitaires, ou bien, parfois, s'associent entre eux par groupes de deux ou trois individus. Au sein du matriarcat, la femelle la plus âgée est dominante et toutes les autres lui sont apparentées ; les jeunes femelles restent dans le groupe et les jeunes mâles en sont exclus avant même leur puberté.

De nombreuses caractéristiques des éléphants sont liées à leur démesure : ce sont les plus gros animaux terrestres actuels, les plus lourds atteignant 7 tonnes. De ce fait, leur squelette est adapté à résister à des forces considérables. Les os des membres sont pleins, et les cinq doigts sont maintenus dans un tissu épais et dur dont n'émergent que les ongles. Proportionnellement à leur volume corporel, le cœur est très gros (10 kilogrammes). La régulation thermique, en particulier l'élimination de la chaleur, n'est rendue possible que par le grand développement des oreilles, très irriguées, qui fonctionnent comme des radiateurs dissipateurs de chaleur.

La gestation est de 20 à 22 mois, le nouveau-né pèse 115 à 120 kilogrammes et mesure 1 mètre de haut. Pourtant, il est difficile de repérer une femelle gestante, tant le volume de l'utérus et du fœtus passent inaperçus dans la masse corporelle maternelle ! L'éléphanteau est allaité pendant 36 à 48 mois et il lui faut six mois pour arriver à se servir de sa trompe. La puberté a lieu vers 12-15 ans, mais les mâles ne deviennent socialement capables de se reproduire que vers l'âge de 30 ans. Pendant le rut, appelé *must* chez le mâle, une glande située entre l'œil et l'oreille produit une substance huileuse caractéristique.

Les mâles, solitaires, visitent les troupeaux de femelles et détectent celles qui sont en œstrus. Une fois accouplés, ils partent vers d'autres troupeaux.

Totalement végétariens, les éléphants ne sont pas pour autant des ruminants et possèdent un estomac simple. De ce fait, ils n'assimilent qu'environ la moitié des aliments ingérés. L'intestin mesure pourtant 20 à 28 mètres de longueur et le *caecum* est très vaste. Outre des feuillages et des branchages, ils consomment parfois des fruits, dont certains ont un noyau atteignant la taille d'une balle de tennis. Ces fruits sont avalés entiers et leurs graines, rejetées intactes dans les fientes, sont ensuite prêtes à germer (loxodontochorie). Les besoins alimentaires des éléphants sont tels, qu'ils sont contraints de s'alimenter près de 18 heures par jour.

Les éléphants possèdent quatre prémolaires et quatre molaires par demi-mâchoire, mais ces dents apparaissent une par une, en succession. Chaque demi-mâchoire possède donc une seule grosse dent, ou parfois deux, lorsque la nouvelle est en train de remplacer la précédente. Les deux premières prémolaires n'émergent que pendant le tout premier âge, alors que l'éléphanteau est encore allaité. Les six dents suivantes (deux prémolaires et quatre molaires) se succéderont tout au long de sa vie. Quand l'une est usée, après environ 15 ans de service, ses racines se résorbent progressivement au contact de la nouvelle dent qui pousse, depuis l'arrière. Les individus atteignant un grand âge (environ 80 ans) ne survivent pas à la fin de leurs dernières molaires, quand elles sont trop vite usées, et ils meurent de faim. En effet, dans les régions où les éléphants consomment beaucoup d'herbes, même s'ils secouent les touffes qu'ils arrachent, en les frappant contre le genou ou le pied pour en éliminer la terre, ils ingèrent du sable, ce qui accélère l'usure des dents et abrège leur durée de vie potentielle. Chaque dent (prémolaire puis molaire) forme une table de 6 à 10 centimètres de largeur et 15 à 20 centimètres de longueur, hérissée de crêtes transversales solides, capables de broyer les aliments les plus durs.

En dehors de ces prémolaires et molaires, les éléphants ne possèdent pas de canines, et ont seulement deux incisives à la mâchoire supérieure, qui émergent de la bouche en formant les défenses. Ces défenses sont à croissance continue et les plus lourdes qui aient été collectées pesaient plus de 80 kilogrammes chacune. Chez les espèces fossiles, comme les mammouths, elles pouvaient être encore plus grandes.

Il n'existe aujourd'hui que deux genres d'éléphants, *Elephas*, en Asie, représenté par une seule espèce (*E. indicus*), et *Loxodonta*, en Afrique, représenté par deux espèces, ou sous-espèces (*L. africana*, surtout présent dans les savanes, et *L. cyclotis*, en forêt). Mais il y aurait des hybridations entre les deux formes. Aussi surprenant que cela puisse paraître, la systématique et la génétique des espèces actuelles d'éléphants ne sont pas encore totalement clarifiées. Les éléphants d'Hannibal (au moins certains) étaient des espèces africaines, d'après les dessins de médailles romaines qui les représentent avec des plis annelés sur la trompe, ce qui les distingue de l'espèce asiatique. D'après les écrits anciens, l'éléphant d'Afrique du Nord était un peu plus petit que celui d'Asie.

Les éléphants se rattachent au super Ordre des Afrothéridés, qui comprend également les lamantins, les damans, les oryctéropes, les taupes dorées d'Afrique du Sud, les tenrecs de Madagascar, et les insectivores africains Macroscélides (*Elephantulus*). Tous ces animaux dérivent d'un ancêtre commun très lointain.

Les espèces fossiles sont nombreuses (plus de 300) et certaines, très récentes, vieilles de seulement quelques milliers d'années, vivaient en Europe et dans les îles méditerranéennes. Par suite d'isolements géographiques, dus à la remontée du niveau marin, ces éléphants insulaires évoluèrent parfois vers des formes naines, les plus petits d'entre eux ne dépassant pas la taille d'un gros sanglier. Certains auteurs supposent que les crânes de ces animaux, souvent présents dans des grottes, et dont la trace de la trompe forme un gros trou sous le front, seraient à l'origine de la légende des cyclopes. Mais jusqu'au XVIIe siècle, les ossements d'éléphants, nombreux dans toute l'Europe et l'Asie, étaient pris pour des restes d'humains géants. Certaines reliques religieuses proviennent même d'éléphants fossiles. En Sibérie, les mammouths étaient considérés comme des animaux souterrains qui mouraient quand ils arrivaient à l'air libre.

Le dressage des éléphants remonterait à environ 2 000 ans Av. J.-C., et aurait consisté, dans un premier temps, à les utiliser pour des tâches agricoles. Ce ne serait que plus tard qu'ils auraient été utilisés comme animaux de guerre. Cette pratique s'arrêta d'ailleurs avec l'arrivée des armes à feu, qui les effrayaient et les rendaient alors dangereux pour leur propre camp. L'éléphant d'Afrique peut également être dressé (*cf.* éléphants d'Hannibal), et pendant la période coloniale, les Belges firent venir des cornacs indiens au Congo (actuel Zaïre) pour en dresser certains. Durant la première guerre mondiale, les éléphants des cirques furent réquisitionnés pour tirer des chariots ou des charrues.

L'éléphant ne peut pas être considéré comme un animal domestique à proprement parler, dans la mesure où tous les individus asservis proviennent d'animaux sauvages. Il n'y a pas eu de sélections, comme cela s'est passé avec les chevaux, ânes, et autres animaux domestiques.

Eléphant d'Asie, Inde

VI.
La girafe

Après l'éléphant, le plus gros des mammifères terrestres actuels, place au plus grand d'entre eux, la girafe.

Présente en Afrique du Nord durant la préhistoire (environ 6000 Av. J.-C.), mentionnée par les Egyptiens (1500 Av. J.-C.), puis les Grecs, dans le cours supérieur du Nil, cette espèce fut connue de Rome sous le nom de *camelopardalis* (chameau-léopard). Pline mentionne l'existence d'un combat organisé entre une girafe et un lion au cours de jeux de cirque remontant à 46 Av. J.-C., et le même auteur parle d'une girafe qui aurait accompagné le triomphe de Jules César quand ce dernier défila à Rome pour son triomphe, exhibant son prisonnier Vercingétorix. Ce n'est que bien après la chute de l'Empire romain, au XIIIe siècle, que deux girafes furent importées en Europe, l'une en Italie, l'autre en Espagne, sous l'appellation de *giraffe*, mot dérivé de l'arabe *zarâfa,* lui-même provenant de l'égyptien. Mais il faudra attendre la fin du XVe siècle pour que le rapprochement soit fait entre cet animal nommé girafe par les Français, et le *camelopardalis* de l'Antiquité.

A l'exception des représentations graphiques de girafes dans l'ouvrage de Breydenbach (5), en 1489, et dans le célèbre tableau de Jérôme Bosch *Le Jardin des Délices*, en 1504, la première description réellement scientifique de cet animal provient de Pierre Belon (14), naturaliste français ayant fait un périple de trois ans au Moyen-Orient, entre la Turquie, l'Egypte et le Sinaï.

Voici ce qu'il en dit, en 1547 :

> « Les Latins l'ont anciennement appellee Camelopardalis, d'un nom composé de Liepard & Chameau : car elle est bigarree des taches d'un Liepard, & a le col long comme un Chameau. C'est une beste moult belle & de la plus douce nature qui soit, quasi comme une brebis, & autant amiable que nulle autre beste sauvage. Elle a la teste presque semblable à

celle d'un Cerf, hors mis la grandeur : portant des petites cornes mousses de dix doigts de long, couvertes de poil. Mais entant qu'il y a distinction de masle à la femelle, celles des masles sont plus longues : mais au demeurant tant le masle que la femelle ont des oreilles grandes comme d'une vache, la langue d'un bœuf, & noire, n'ayant point de dents dessus la macheliere : le col long, droit & gresle : les crins deliez & ronds : les jambes gresles, hautes devant, & si semblables à ceux d'un bœuf. Sa queue luy va pendante jusques dessus les jarets, ronde, ayant les poil plus gros trois fois que n'est celuy d'un cheval. Elle est fort gresle au travers du corps. Son poil est blanc & roux. Sa manière de faire est semblable à celle d'un Chameau.
Quand elle court, les deux pieds de devant vont ensemble. Elle se couche le ventre contre terre, & a une durté à la poitrine & aux cuisses comme un chameau. Elles ne sçavoit paistre en terre estant debout sans eslargir grandement les jambes de devant, encore est ce avec grande difficulté. Parquoy il est aisé à croire qu'elle ne vit aux champs sinon des branches des arbres, ayant le col ainsi long, tellement qu'elle pourroit arriver de la teste à la hauteur d'une demie picque. Et l'ayant fait retirer au naturel, en avons bien voulu ici suyvant mettre le portrait. »

La description de Pierre Belon correspond bien à la réalité, jusque dans la supposition que, dans la nature, cet animal doit se nourrir en broutant les branches d'arbres.

La première dépouille de girafe parviendra au Jardin du Roi (Muséum national d'histoire naturelle de Paris) en 1785, soit 238 ans après la description de Pierre Belon. Cependant, les Hollandais, implantés au Cap de Bonne Espérance dans la seconde moitié du XVIIe siècle, furent assez vite en possession de divers spécimens de collections qu'ils communiquèrent généreusement à Buffon (65), personnage jouissant alors d'une grande réputation dans toute l'Europe. Voici ce qu'il en disait dans l'ouvrage de 1789, édité juste après sa mort :

« La girafe est un des premiers, des plus beaux, des plus grands animaux, et qui, sans être nuisible, est en même temps l'un des plus inutiles. La disproportion énorme de ses jambes, dont celles de derrière, fait obstacle à l'exercice de ses forces : son corps n'a point d'assiette, sa démarche est vacillante, ses mouvements sont lents et contraints ; elle ne peut ni fuir ses ennemis dans l'état de liberté, ni servir ses maitres dans celui de domesticité : aussi l'espèce est peu nombreuse et a toujours été confinée

> dans les déserts de l'Ethiopie et de quelques autres provinces de l'Afrique méridionale et des Indes. »

Outre l'incertitude sur la provenance géographique, on reconnait bien là l'opinion de l'époque qui ne considérait les animaux qu'en fonction de ce qu'ils pouvaient rapporter à l'Homme. Buffon s'avance beaucoup sur les capacités de locomotion de la girafe, se fondant pour cela essentiellement sur la dissymétrie entre membres antérieurs et postérieurs. Cependant, à la fin du chapitre, il ajoute des correctifs basés sur des informations acquises plus tardivement :

> « … en général les mouvements de cet animal ne sont pas très-vifs ; cependant, comme ses jambes sont très-longues, qu'elle fait de très grands pas, et qu'elle peut marcher de suite pendant très-longtemps, il est difficile de la suivre et de l'atteindre même avec un bon cheval. »

Il faut dire qu'à chaque nouvelle édition, le texte original était conservé, et simplement augmenté de nouveaux éléments dont les sources étaient précisées. Buffon va même jusqu'à citer un informateur hollandais anonyme, dont il n'a pas réussi à déchiffrer la signature !

> « Dans une lettre que j'ai reçue de Hollande, et dont je n'ai pu lire la signature, on m'a envoyé la description et les dimensions d'une girafe que je vais rapporter ici… »

Ces informations, parfois peu fiables, amènent Buffon à faire des hypothèses hasardeuses. Mais un certain Gordon, qui a voyagé dans la province du Cap, lui apportera des éléments précieux.

La question qui se posait à l'époque, et qui préoccupait Buffon et ses contemporains, était de savoir si la girafe se rapprochait davantage des cervidés, qui perdent leurs bois chaque année, ou des bovidés, qui gardent leurs cornes toute leur vie durant. En 1551, le célèbre naturaliste suisse Conrad Gessner (12), reprenant dans ses ouvrages l'essentiel des informations de Belon, écrivait que la girafe perdait ses cornes comme les daims. Mais il attribuait faussement cette observation à Belon. L'incertitude demeura pendant plus d'un siècle, et Buffon, après avoir analysé des échantillons de corne sectionnés sur les exemplaires de la collection de La Haye, par les bons soins de son collègue M. Allamand, se prononça pour une troisième catégorie, propre à la girafe :

« En attendant, nous considérerons ce grand et bel animal comme faisant un genre particulier et unique, ce qui s'accorde très-bien avec les autres faits de la nature, qui, dans les grandes espèces, ne double pas ses productions ; car l'éléphant, le rhinocéros, l'hippopotame, et peut-être la girafe, sont des animaux qui forment des genres particuliers ou des espèces uniques, qui n'ont point d'espèces collatérales ; c'est un privilège qui ne parait accordé qu'à la grandeur de ces animaux, qui surpasse de beaucoup celle de tous les autres. »

Buffon ignorait que les éléphants d'Afrique et d'Asie forment deux genres séparés, et qu'il existe plusieurs espèces de rhinocéros, deux d'hippopotames, sans tenir compte des nombreuses espèces fossiles. Au sujet des discussions ayant lieu sur la position de la girafe au sein des mammifères, Buffon critique de façon acerbe l'un de ses collègues, montrant par-là comment les désaccords théoriques pouvaient opposer les scientifiques de l'époque :

« … un mot de plus dans la description d'Hasselquist, si minutieuse d'ailleurs, aurait fixé ces doutes et déterminé nettement le genre de cet animal. Mais des écoliers qui n'ont que la gamme de leur maître dans la tête, ou plutôt dans leur poche, ne peuvent manquer de faire des fautes, des bévues, des omissions essentielles ; parce qu'ils renoncent à l'esprit qui doit guider tout observateur, et qu'ils ne voient que par une méthode arbitraire et fautive, qui ne sert qu'à les empêcher de réfléchir sur la nature et les rapports des objets qu'ils rencontrent, et desquels ils ne font que calquer la description sur un mauvais modèle. Comme dans le réel, tout est différent l'un de l'autre, tout doit aussi être traité différemment … »

La girafe de Charles X

En dehors du problème de la nature des cornes de la girafe, essentiellement débattu dans les cercles scientifiques, cet animal n'avait, jusque-là, suscité d'intérêt dans le public que par sa grande taille, et pourtant, les deux individus déjà importés en Europe étaient jeunes, sans avoir encore atteint leurs dimensions définitives. Ce n'est qu'en 1826 qu'une girafe arriva en France pour la première fois. Originaire du Sud-Soudan, elle était offerte à Charles X par le vice-roi d'Egypte Méhémet Ali, cela sous les conseils du consul de France en Egypte. A vrai dire, deux girafons furent envoyés en Europe, l'un pour la France, *Zarafa*, l'autre pour l'Angleterre, *La girafe nubienne*. Un bateau spécial fut affrété par la France et aménagé en découpant une partie du pont afin que la jeune girafe puisse faire passer son cou. Deux palefreniers nubiens étaient chargés de son entretien, et trois vaches, fournissant ses 25 litres de lait quotidien, voyageaient avec elle. Faisaient également partie du voyage deux antilopes addax destinées au parc zoologique du Muséum. Après une escale en Crête, une autre en Sicile, et un total de 25 jours de mer, le brigantin accosta à Marseille le 23 octobre 1826. Après une brève quarantaine, la girafe fut hébergée dans les jardins de la préfecture où elle bénéficiait d'un local chauffé, attendant le printemps pour faire le voyage à pied jusqu'à Paris. Mais le roi et les professeurs du Muséum s'impatientaient et il fallait qu'une personne compétente accompagne le précieux animal. L'un des professeurs du Muséum, le zoologiste Etienne Geoffroy Saint-Hilaire, alors âgé de 55 ans, se rendit donc spécialement à Marseille (il avait, dans sa jeunesse, participé à la campagne de Napoléon en Egypte). Il fallait également un interprète, car les deux palefreniers nubiens ne parlaient que l'arabe. Un ancien mamelouk égyptien de l'armée napoléonienne, resté à Marseille, fut donc embauché par le Muséum.

Le convoi partit de Marseille le 20 mai 1827, composé de Geoffroy Saint-Hilaire, une escorte de six gendarmes à cheval, les deux palefreniers égyptiens, Hassan et Atir, un aide du Muséum, Barthelemy Chouquet, l'interprète Youssef, la girafe et ses trois vaches, sans oublier deux mouflons et l'antilope survivante (le squelette et la peau de la seconde antilope, morte à Marseille, étant également rapportés au Muséum). Un chariot à bagages et provisions suivait. Pour l'occasion, une petite cape de pluie en taffetas ciré avait été confectionnée pour la girafe, comportant sur l'un de ses côtés les armes du pacha d'Egypte, et sur l'autre celles de Charles X. A chaque étape une foule considérable se réunissait, occasion pour Geoffroy Saint-Hilaire de faire des conférences sur la zoologie, et cela malgré ses crises de goute et de rhumatismes. *Zarafa*, la jeune girafe, alors âgée d'environ deux ans, mesurait déjà 3,70 m, soit 15 centimètres de plus qu'à son arrivée à Marseille. Mais, par la suite, elle grandit peu, n'atteignant que 4 mètres. Les étapes étaient de 20 à 25 kilomètres, au train de 3,5 kilomètres/heure, entrecoupées de quelques jours de repos dans les grandes villes. L'arrivée à Paris eut lieu le 30 juin, après un parcours de 880 kilomètres réalisé en 41 jours, dont sept jours de repos.

Une véritable girafomania se développa en France, inspirant artistes, écrivains, artisans, humoristes, etc. L'expression « peigner la girafe » vient de cette époque, le palefrenier Atir consacrant une grande partie de son activité à brosser l'animal de façon à le présenter sous son meilleur aspect. Près de 600 000 visiteurs vinrent au Muséum durant le premier été. Le plus frustré fut Charles X que le protocole empêchait de se rendre au Muséum pour aller voir son cadeau ! En effet, ce n'était pas à lui de se rendre à la girafe, mais à la girafe de se rendre à lui. Elle fut donc conduite en grande pompe jusqu'à Saint-Cloud, accompagnée de la cavalerie, des généraux, des professeurs du Muséum et autres dignitaires. Elle retourna au Muséum où elle vécut 18 ans.

Douze ans après son arrivée, on lui présenta un mâle, mais elle n'en voulut pas et resta sans descendance. Hassan repartit en Egypte en automne 1827, mais Atir resta au Muséum jusqu'en 1837. Il logeait avec la girafe dans la rotonde du Jardin des Plantes où il avait aménagé, pour dormir, un balcon situé à hauteur de tête de l'animal. Une rumeur a couru, comme quoi, bien plus tard, en rénovant l'ancien local de la girafe, on découvrit une flûte et un squelette humain emmurés. A sa mort, Zarafa fut naturalisée, mais après la première guerre mondiale, le Muséum, manquant de place, la donna au musée de La Rochelle où elle est toujours exposée.

D'autres girafes arrivèrent progressivement en Europe et, en 1836, on pouvait en voir sept à Londres : trois au jardin zoologique de Surrey, et quatre dans la ménagerie de la société zoologique, à Regent's Park, *Dictionnaire d'Orbigny* (103), 1845. La première naissance d'une girafe dans un parc zoologique européen eut d'ailleurs lieu dans ce parc en 1839, après 444 jours de gestation. Le jeune mourut après une dizaine de jours mais la seconde naissance, en 1841, fut plus heureuse. Les encyclopédies et dictionnaires de la seconde moitié du XIXe siècle donnent de nombreux détails sur l'anatomie interne et externe de la girafe. Le comportement de cet animal, assez proche de celui des autres herbivores, a suscité peu de commentaires, si ce n'est son aptitude à brouter le feuillage des arbres. Cette particularité a d'ailleurs largement servi d'exemple pour illustrer la façon dont les organismes ont pu évoluer en s'adaptant aux contraintes de leur environnement. Il faudra attendre 1901 pour qu'une seconde espèce de Giraffidé, l'okapi, soit découverte par les Européens dans la forêt d'Ituri, au Congo.

Quelques éléments sur la biologie de la girafe

Il n'existe actuellement qu'une seule espèce de girafe (*Giraffa camelopardalis*), représentée par neuf (ou six) sous-espèces, toutes africaines. Leurs distinctions sont essentiellement basées sur des nuances de couleur et sur la disposition des taches du pelage. Avec l'okapi, lui aussi africain, les Giraffidés forment une famille à part, constituant, à côté des Bovidés, Camélidés, Cervidés, etc., le grand ensemble des ruminants.

Les ancêtres des Giraffidés apparurent en Europe il y a huit millions d'années, et quelques rameaux gagnèrent l'Afrique il y a sept millions d'années. Les premières girafes n'étaient pas aussi grandes que l'espèce actuelle qui atteint souvent 5 mètres (5,80 mètres pour les plus grandes), pour un poids allant de 750 à 1100 kilogrammes. Cette taille exceptionnelle permet d'atteindre les feuillages inaccessibles aux autres grands herbivores, ce qui constitue un gros avantage écologique. En contrepartie, cette exclusivité entraîne des conséquences multiples, autant sur la physiologie que sur le comportement de l'espèce. C'est la longueur du cou qui pose le plus de problèmes. Tout d'abord, comme les autres mammifères, la girafe ne possède que sept vertèbres cervicales ; c'est par l'allongement de chacune de ces vertèbres qu'elle parvient à avoir un cou aussi long. Pour que le sang puisse irriguer correctement le cerveau, le cœur de la girafe est surdimensionné, pesant 11 kilogrammes, contre une dizaine de kilogrammes chez l'éléphant, pourtant cinq fois plus lourd qu'elle. La fréquence de ses battements cardiaques est de l'ordre de 170 par minute (25 chez l'éléphant), et sa pression artérielle est deux fois supérieure à celle de l'Homme. Les artères du cou sont munies d'anneaux musculeux aidant le sang à remonter, et de nombreuses valvules s'opposent à la circulation veineuse à contre-courant dans le cou, quand l'animal baisse la tête. La course de la girafe est également particulière, amble en vitesse moyenne (15 kilomètres/heure) ou galop à grande vitesse (55 kilomètres/heure), mais le cou est toujours balancé afin de rétablir l'équilibre du corps.

On a dit que la girafe était muette. En fait elle possède des cordes vocales mais elle n'émet que très rarement des vocalisations audibles pour l'Homme (jeune en détresse par exemple). Cependant, des découvertes récentes ont montré que les girafes échangeaient des signaux de très basse fréquence (infrasons inaudibles pour l'Homme), comme le font également les éléphants. De nombreuses communications sociales sont aussi fondées, en plus des messages odorants contenus dans l'urine, sur des postures de la tête et du cou, la haute taille de la girafe lui permettant de voir ses congénères à grande distance, même dans les endroits encombrés de végétaux.

La girafe est un animal grégaire, les troupes regroupant 10 à 20 individus (jusqu'à 70). Les mâles visitent les troupeaux afin de détecter les femelles en chaleur. Quand il y a rivalité entre deux mâles, ces derniers se livrent à des combats ritualisés, n'utilisant que leur cou et leur tête munie de cornes particulières, les « ossicônes », pour frapper l'adversaire. Ces ossicônes, garnis de poils à leur base, s'épaississent tout au long de la vie, ce qui donne un avantage aux mâles plus âgés. La femelle accouche debout, après environ 450 jours de gestation, et le girafon, qui pèse entre 40 et 80 kilogrammes, tombe alors de deux mètres de hauteur. Après 15 minutes, il s'est redressé sur ses pattes et suit sa mère.

Les lions sont les principaux prédateurs des girafes. Elles leur échappent en terrain dégagé mais, surprises en zone boisée, elles deviennent vulnérables, surtout quand elles sont cernées par une troupe. Cependant les coups de sabots donnés par les pattes antérieures, ainsi que les ruades, sont capables d'infliger de graves blessures, parfois mortelles.

VII.
Les rhinocéros

C'est sans doute la force brutale du rhinocéros qui a le plus impressionné les premiers Occidentaux découvrant cet animal. Les témoignages historiques les plus anciens remontent à 262 Av. J.-C., pour un rhinocéros asiatique possédé par le pharaon Ptolémée II. D'autres individus arrivèrent plus tard dans la Rome antique, presque tous provenant d'Asie et transitant par l'Egypte. C'est en 55 Av. J.-C., sous le règne de Pompée, qu'un premier rhinocéros fut exhibé dans des jeux de cirque. En l'an 8, un individu mourait lors d'un combat contre un éléphant, mais en 87, dans une confrontation entre un ours et un rhinocéros, c'est l'ours qui succombait. La dernière importation de rhinocéros dans la Rome antique date de l'an 248, et il faudra attendre l'année 1515 pour qu'un nouvel individu apparaisse sur le sol européen.

Ce rhinocéros avait été offert par un prince indien au roi du Portugal Manuel 1er. Une foule de visiteurs arriva de toute part pour admirer l'animal, et de nombreux dessins et descriptions circulèrent en Europe. C'est à partir de cette documentation que le graveur allemand Dürer (7) composa son célèbre portrait, sans jamais avoir vu l'animal. Il y ajouta quantité de détails et d'ornementations qui accentuaient le côté invincible et guerrier du rhinocéros, en particulier une petite corne sur le milieu du dos (dent de narval). Ce portrait marqua tellement les esprits que, pendant près de trois siècles, les artistes représentant des rhinocéros s'inspirèrent du dessin de Dürer, ajoutant délibérément des motifs tout droit venus de cette célèbre gravure.

Le malheureux animal ne vécut pas longtemps. Le roi du Portugal projetait de l'offrir au pape Léon X, à qui il avait déjà offert, l'année précédente, le célèbre éléphant *Hanno*. Le navire transportant le rhinocéros fit d'abord escale près de Marseille, à l'îlot d'If, ce qui permit, parait-il, à François 1er de venir admirer l'animal, mais le rhinocéros périt ensuite dans un naufrage proche de l'Italie. Certains auteurs de l'époque prétendent que c'est le rhinocéros qui, dans un accès de fureur, aurait lui-même troué la coque du navire ? D'autres prétendent qu'avant d'expédier cet animal vers l'Italie, le roi du Portugal l'aurait fait combattre contre un éléphant ?

Un second rhinocéros parvint deux ans plus tard au Portugal, puis deux autres à Londres, en 1684 et 1738. Mais c'est en 1741 que débarqua en Hollande *Clara*, qui devint aussi célèbre que le rhinocéros dessiné 226 ans plus tôt par Dürer. Cette jeune femelle, d'origine asiatique, fut transportée et exhibée dans toute l'Europe, rapportant ainsi beaucoup d'argent à son propriétaire. En 1749, elle séjourna cinq mois à l'exposition de Saint-Germain où Buffon (65), tout comme Arnault de Nobleville (59), purent venir l'examiner. Après plus de 16 ans d'exhibition, Clara mourut lors d'une tournée à Londres en 1758.

Le rhinocéros suivant arrivant en Europe fut celui de Louis XV, reçu tout jeune en 1774. Il vécut près de 18 ans à la ménagerie de Versailles (un record pour l'époque) où il mourut sous la Révolution, en 1792, victime d'un coup de sabre. Son corps fut alors transporté au Muséum d'histoire naturelle pour y être disséqué, étudié, et naturalisé.

Pendant longtemps les scientifiques pensaient qu'il n'y avait qu'une seule espèce de rhinocéros, mais presque tous les individus concernés provenaient de l'Inde. La présence de rhinocéros à deux cornes était parfois attestée par des voyageurs venant d'Afrique, mais on considérait qu'il s'agissait d'une petite variation au sein de l'espèce. En outre, certaines dépouilles provenant d'Afrique étaient faussement attribuées à l'Asie, et inversement. Ce n'est qu'au début du XIXe siècle que l'on prit conscience de l'existence de plusieurs espèces.

Avec la colonisation de l'Afrique du Sud par les Hollandais, les agriculteurs européens étendirent leurs fermes de plus en plus loin, détruisant les rhinocéros qui étaient très nombreux à l'époque. Buffon ne disait-il pas dans ses derniers écrits (édition 1789) :

> « Sans pouvoir devenir utile comme l'éléphant, le rhinocéros est aussi nuisible par la consommation, et sur-tout par le prodigieux dégât qu'il fait dans les campagnes ; il n'est bon que par sa dépouille : sa chair est excellente au goût des Indiens et des Nègres ; Kolbe dit en avoir souvent mangé, et avec beaucoup de plaisir. »

Voici ce qu'en disait le chasseur naturaliste Adulphe Delegorgue (106), qui en avait tué un grand nombre en Afrique du Sud dans les années 1840 :

> « Les dégâts qu'il commet dans les plantations sont immenses. Fréquemment il disperse les bœufs, qu'il charge comme un furieux sans la moindre raison, et l'homme n'est pas à l'abri de ses caprices fous et sanguinaires. Sa chair, qu'aiment les Cafres et dont les Boers s'arrangent quelque peu, vaut bien la peine qu'on le tue, et sa peau, solide et diaphane étant sèche, très-convenable pour chambocks (*fouets*), engage le chasseur cavalier à lui lâcher un coup de fusil, ne fût-ce que pour une demi-douzaine d'élégantes cravaches bien souples, lourdes et coupantes.
>
> Ce qui facilite surtout sa mise à mort, c'est une approche assez sûre, en prenant comme toujours sous le vent de l'animal, et qui permet de le tirer à 30, 20, et même 10 pas, pour peu que l'on sache se comporter en vrai By-Kryper (rampeur), et que l'on ne tienne pas compte des effrayants épisodes que les chasseurs hollando-sud-africains ont toujours à narrer, touchant les dangers que l'homme court près de ce stupide et farouche animal. »

En 1848, le dictionnaire d'Orbigny (122) ajoutait, au sujet des rhinocéros asiatiques :

> « Les Chinois trouvent qu'après les nids d'Hirondelles, les œufs de Lézards et les petits Chiens, il n'est pas de mets plus délicat qu'une queue de Rhinocéros, ou une espèce de gelée faite avec la peau du ventre de cet animal. »

Et à propos de l'espèce africaine, Orbigny poursuivait :

> « Selon And. Smith, autrefois (depuis 1652) on la trouvait partout dans les environs du cap de Bonne-Espérance, et jusqu'au pied de la montagne de la Table ; mais aujourd'hui, les colons sont parvenus à le refouler hors des limites de leur territoire. Il lui ont fait une guerre incessante, parce qu'avec sa chair ils nourrissaient leurs Hottentots esclaves, et qu'avec son cuir ils fabriquaient les manches de ces longs fouets dont ils se servent pour diriger leurs bœufs d'attelage. Au Cap on en fait d'excellents ressorts de voiture qui se vendent à haut prix en Angleterre.
>
> La stupidité des Rhinocéros s'explique facilement par le peu de capacité de leur boite cérébrale… »

L'utilisation de la corne de rhinocéros, autre débouché économique, est signalée dans la littérature de l'époque, non pas pour ses vertus prétendument aphrodisiaques, comme c'est le cas aujourd'hui, mais pour d'autres principes. En 1757, les médecins Arnault de Nobleville (59) et Salerne (62) écrivaient dans leur célèbre ouvrage *Histoire Naturelle des Animaux* :

« La corne sur-tout est un alexipharmaque (*contrepoison*) très-vanté ; mais nous croyons avec Ludovic, que sa cherté & sa rareté en sont le principal mérite, & que la corne de Cerf est pour le moins aussi bonne : c'est la même nature, & ce sont les mêmes principes. Pourquoi donc y chercher du mystère, & préférer des remèdes étrangers à ceux dont la Providence a enrichi nos climats avec tant de profusion ? Mais il y a dans le monde deux sortes de gens, dont les uns aiment à tromper, & les autres à être trompés. Les riches malades sont de la dernière classe, & la charité nous oblige à taire les autres qui exercent la fonction la plus lucrative de la Médecine. On fait des tasses avec la corne de rhinoceros pour y laisser le vin qu'on veut boire, qui, à ce qu'on prétend, purifie le sang, & résiste à la corruption de l'air : nous regardons encore ceci comme une pure imagination… »

Cette dernière utilisation de la corne de rhinocéros était encore mentionnée en 1839 dans le dictionnaire Guérin (121) qui parle de…

« … vases qui ont la propriété de chasser le poison des boissons qu'on y verse. »

Mais beaucoup d'autres produits issus du rhinocéros (sang, ongles, urine, excréments, etc.) étaient également utilisés dans la pharmacopée traditionnelle asiatique.

Assez tôt, les ouvrages scientifiques se concentrèrent sur l'anatomie et sur la systématique des rhinocéros, n'accordant que peu de place à la description de leurs comportements, si ce n'est leur irascibilité et les dangers que présente sa chasse. Voici ce qu'en dit le *Dictionnaire Général des Sciences Théoriques et Appliquées* de 1870 (123) :

« Toutes ces espèces, dont la chair est mangeable, sont l'objet d'une chasse incessante, mais fort dangereuse. »

Avec le progrès des armes à feu, les rhinocéros disparurent de nombreuses régions tropicales d'Afrique et d'Asie, à la satisfaction des agriculteurs et des chasseurs qui se glorifiaient de tableaux de chasse impressionnants. Ce n'est qu'à partir de 1910 que les autorités coloniales anglaises réagirent devant l'imminence de l'extinction du rhinocéros indien. L'espèce avait totalement disparu du Pakistan et du Bangladesh et il en restait moins de 100 individus en Inde et au Népal. La création de réserves sauva l'espèce, mais les effectifs actuels atteignent péniblement les 2 500 individus. Quant aux deux autres espèces asiatiques, le rhinocéros de Sumatra et le rhinocéros de Java, le premier a disparu d'une grande partie de son aire de répartition, en particulier sur le continent, et il reste actuellement moins de 300 individus répartis entre Bornéo et Sumatra. Le second a totalement disparu des vastes zones continentales qu'il occupait autrefois (jusqu'en Chine), et il n'en resterait qu'une quarantaine d'individus confinés dans un parc de Java.

Les deux espèces africaines ont, elles aussi, subi de graves dommages, disparaissant totalement de nombreux pays. Actuellement, c'est en Afrique du Sud que réside l'essentiel des populations, avec 10 000 individus pour le rhinocéros blanc, et 3 500 pour le rhinocéros noir. La chasse sportive est néanmoins encore pratiquée dans ce pays, limitée à une centaine d'individus par an qui sont élevés à cette fin dans des ranchs spécialisés.

Rhinocéros blanc et rhinocéros noir

Pourquoi ces appellations pour les deux espèces africaines qui, l'une et l'autre, sont plutôt grisâtres ? En fait, le rhinocéros dit blanc (*Ceratotherium simum*) a la bouche assez large, ce qui constitue une adaptation au broutage des herbes dont il se nourrit. C'est donc à juste raison que les premiers Européens arrivant en Afrique du Sud le distinguèrent par l'adjectif *wijd* qui, en néerlandais, veut dire large. Le mot fut transformé en *white* (blanc) par les anglophones et l'animal fut appelé white rhinocéros, traduit par rhinocéros blanc en français. Par opposition au white rhinocéros, la seconde espèce (*Diceros bicornis*) fut appelée rhinocéros noir. Cette deuxième espèce est nettement reconnaissable à sa lèvre supérieure digitée, adaptée à la préhension des végétaux ligneux dont elle se nourrit.

Quelques éléments sur la biologie des rhinocéros

La famille des Rhinocérotidés est ancienne. Ses premiers représentants fossiles connus (Eocène supérieur) sont déjà de grande taille, mais ils ne portent pas encore de corne. Les rhinocéros sont classés, avec les tapirs et les chevaux, dans le grand ensemble des Périssodactyles, groupe d'ongulés chez qui le troisième doigt est le plus développé (voir l'encart du chapitre *tapir*). Ce ne sont pas des ruminants.

Il existe actuellement quatre genres et cinq espèces de rhinocéros :

- *Ceratotherium simum* (rhinocéros blanc, deux cornes), Afrique.
- *Diceros bicornis* (rhinocéros noir, deux cornes), Afrique.
- *Rhinoceros unicornis* (rhinocéros indien, une seule corne), Inde, Népal.
- *Rhinoceros sondaicus* (rhinocéros de Java, une seule corne), Java, Vietnam.
- *Dicerorhinus sumatrensis* (rhinocéros de Sumatra, deux cornes, dont la seconde est arrondie), Sumatra, Bornéo, péninsule malaise.

La peau des rhinocéros est considérablement épaissie, mais des replis, qui sont particulièrement développés dans l'espèce indienne, permettent de donner un certain jeu entre les différentes parties épaissies. Le corps est dépourvu de poils, sauf chez le rhinocéros de Sumatra. La corne est constituée de kératine, matière formée de poils agglomérés les uns aux autres et dont la trace est encore visible sur des coupes transversales. C'est le rhinocéros blanc qui a la corne la plus longue, avec un record de 1,58 mètre.

Les rhinocéros pèsent entre 1,5 et 3 tonnes, selon les espèces et selon les sexes, pour une longueur de 2,50 à 4 mètres. Malgré leur lourdeur apparente, les rhinocéros peuvent atteindre la vitesse 50 kilomètres/heure à la course et faire des volte-face rapides. Le rhinocéros blanc est le plus grand, et celui de Sumatra le plus petit. La gestation est d'environ 16 mois et le nouveau-né pèse entre 25 et 40 kilogrammes (rhinocéros noir) ou 40 à 80 kilogrammes (rhinocéros indien). La maturité sexuelle est atteinte vers cinq ans et la femelle se reproduit tous les quatre à cinq ans.

Le plus grand rhinocéros fossile (*Baluchitherium,* ou *Indricotherium*), qui vivait il y a 30 millions d'années en Asie, mesurait 8 à 9 mètres de long, 5,5 mètres de haut, pour un poids estimé à 20 tonnes. Cette espèce, la plus grande de tous les mammifères terrestres ayant existé, n'avait pas de cornes et son cou était relativement grand. Elle devait se nourrir de branchages d'arbres. De nombreux autres rhinocéros fossiles sont connus, et les hommes préhistoriques d'Europe de l'Ouest cohabitèrent avec quatre espèces jusqu'à la dernière glaciation. Le plus célèbre d'entre eux est le rhinocéros laineux qui, comme le mammouth, était adapté aux climats froids.

VIII.
Les grands fauves

Lions et panthères ayant peuplé l'Afrique du Nord, le Moyen-Orient et une partie de la Grèce antique, ces espèces étaient bien connues des peuples méditerranéens. La mythologie grecque en fait largement mention et les Romains en importèrent très tôt pour les faire combattre dans les jeux de cirque. Voici comment, bien plus tard, en 1526, Jean Léon l'Africain (9) décrivait les lions d'Afrique du Nord :

> « Ces animaux sont sauvages & nuisibles à tout autres, d'autant qu'ils sont plus dispos, cruels & animez, devorans non seulement les bétes, mais les personnes aussi. Il s'en trouve en tels lieus qu'ils ne craindront point d'affaiblir deux cens hommes à cheval, & se ruent sur les troupeaux de brebis, & d'autre bétail, qu'ils emportent aus boys dans leurs creus, là ou sont leurs petis phaons : & y en à tel, qui de force & vitesse combatroit & tueroit six hommes à cheval, sans qu'on luy puisse faire resistance. Ceus qui habitent aus montagnes froides, sont moins cruels & fiers, ne se montrans si fort molestes envers les personnes. Au contraire, tant plus ils participent du chaut, plus sont furieus : comme ceus qui se trouvent entre Temesna, & le Royaume de Fez, au desert d'Angad pres de Telensin (*Tlemsen*), & entre Bone & Thunes (*Tunis*) : car ce sont les plus redoutez Lyons de toute l'Afrique. Au temps d'yver, qu'ils commencent d'entrer en amour, ils s'atachent ensemble fort cruellement, de sorte que celuy se peut dire malheureus tout outre, qui se trouve devant eux, & sont ordinairement dix ou douze suivant les pas de la Lyonne. Il m'à esté recité de plusieurs pour chose certaine, que si une femme se trouvoit seulette devant l'un de ces Lyons, luy découvrant, & montrant sa nature, qu'il commenceroit à rugir merveilleusement, & baissant la teste prendroit autre route. Un chacun en peut croire, ce que bon luy semblera. »

Ancienne répartition du lion

La répartition du lion est actuellement très morcelée, en grande partie confinée dans les réserves africaines, mais une petite population résiduelle d'environ 300 individus est encore présente en l'Inde. Hormis les grandes forêts tropicales humides, impropres à son mode de chasse, le lion peuplait aussi bien les savanes, les déserts, les bushs, les forêts sèches ou les montagnes. Dans l'Antiquité il était aussi présent dans une grande partie de l'Asie, dans toute l'Afrique du Nord, au Moyen-Orient et dans les Balkans. Cette population européenne aurait disparu vers le 1er siècle, alors que celle d'Afrique du Nord s'est maintenue jusqu'à une date très proche (derniers spécimens sauvages tués en Algérie en 1922 et au Maroc en 1936). C'est essentiellement en Afrique du Nord que les Romains venaient s'approvisionner en lions et en panthères. Sur un aussi grand espace géographique, il existe de nombreuses sous-espèces de lions, dont beaucoup ont disparu, comme les lions des cavernes européens (*Panthera leo spelaea*) et américains (*Panthera leo atrox*) qui vécurent jusqu'à la fin de la dernière glaciation (10 000 ans) et qui étaient, semble-t-il, un peu plus gros que les sous-espèces actuelles. Il ne faut pas confondre ces lions fossiles avec les tigres à dents de sabres, autre sous-famille de Félidés qui vivait également en Europe et en Amérique, et qui s'éteignit vers la même période.

Le lion, symbole de force, représenté sur de nombreuses bannières, gravures, sculptures, etc., était considéré comme *roi des animaux* dans de nombreuses cultures indo-européennes, à l'exception du nord de l'Europe où c'était parfois l'ours qui occupait cette position hiérarchique. Buffon (65) popularisa le titre de *roi des animaux* pour le lion, en même temps qu'il attribuait celui de *plus belle conquête de l'homme* au cheval. Voici, en 1775, comment le célèbre naturaliste présentait le lion dans son *Histoire des animaux quadrupèdes* :

> « L'extérieur du lion ne dément point ses grandes qualités intérieures, il a la figure imposante, le regard assuré, la démarche fière, la voix terrible ; sa taille n'est point excessive comme celle de l'éléphant ou du rhinocéros ; elle n'est ni lourde comme celle de l'hippopotame ou du bœuf, ni trop ramassée comme celle de l'hyaene ou de l'ours, ni trop allongée et déformée par des inégalités comme celle du chameau ; mais elle est au contraire si bien prise & si bien proportionnée, que le corps du lion paroît être le modèle de la force jointe à l'agilité ; aussi solide que nerveux, n'étant chargé ni de chair ni de graisse, & ne contenant rien de surabondant, il est tout nerf & muscles. »

Lion et tigre, deux prétendants pour un trône !

Comme tous ses contemporains, Buffon voyait le règne animal à l'image de la société de son époque et c'est en toute logique qu'il plaçait le lion au sommet d'un ordre hiérarchique. En même temps qu'il glorifiait le lion, il amoindrissait délibérément les qualités physiques et comportementales du tigre, autre prétendant à la « royauté », probablement pour mieux démarquer la position de suprématie du lion (un seul roi) :

« A la fierté, au courage, à la force, le lion joint la noblesse, la clémence, la magnanimité, tandis que le tigre est bassement féroce, cruel sans justice, c'est-à-dire, sans nécessité. Il en est de même dans tout ordre de choses où les rangs sont donnés par la force ; le premier, qui peut tout, est moins tyran que l'autre, qui ne pouvant jouir de la puissance plénière, s'en venge en abusant du pouvoir qu'il a pu s'arroger. Aussi le tigre est-il plus à craindre que le lion : celui-ci souvent oublie qu'il est le roi, c'est-à-dire, le plus fort de tous les animaux ; marchant d'un pas tranquille, il n'attaque jamais l'homme, à moins qu'il ne soit provoqué ; il ne précipite ses pas, il ne court, il ne chasse que quand la faim le presse. Le tigre au contraire, quoique rassasié de chair, semble toujours être altéré de sang, sa fureur n'a d'autre intervalle que ceux du temps qu'il faut pour dresser des embûches ; il saisit & déchire une nouvelle proie avec la même rage qu'il vient d'exercer, & non pas d'assouvir, en dévorant la première ; il désole le pays qu'il habite, il ne craint ni l'aspect ni les armes de l'homme, il égorge, il dévaste les troupeaux d'animaux domestiques, met à mort toutes les bêtes sauvages, attaque les petits éléphans, les jeunes rhinocéros, & quelquefois même ose braver le lion.
La forme du corps est ordinairement d'accord avec le naturel. Le lion a l'air noble, la hauteur de ses jambes est proportionnée à la longueur de son corps, l'épaisse & grande crinière qui couvre ses épaules et ombrage sa face, son regard assuré, sa démarche grave, tout semble annoncer la fière & majestueuse intrépidité. Le tigre trop long de corps, trop bas sur ses jambes, la tête nue, les yeux hagards, la langue couleur de sang, toujours hors de la gueule, n'a que les caractères de la basse méchanceté & de l'insatiable cruauté ; il n'a pour tout instinct qu'une rage constante, une fureur aveugle, qui ne connoît, qui ne distingue rien, & qui lui fait souvent dévorer ses propres enfans… »

Buffon étendait cette tendance à la cruauté aux autres prédateurs de « rang inférieur » :

« On pourroit dire aussi que le lion n'est pas cruel, puisqu'il ne l'est que par nécessité, qu'il ne détruit qu'autant qu'il consomme, & que dès qu'il est repu il est en pleine paix, tandis que le tigre, le loup, & tant d'autres animaux d'espèce inférieure, tels que le renard, la fouine, le putois, le furet, &c. donnent la mort pour le seul plaisir de la donner, & que dans leurs massacres nombreux, ils semblent plutôt vouloir assouvir leur rage que leur faim. »

En quelque sorte, s'appuyant sur les critères moraux, sociaux et politiques de son époque, Buffon glorifiait le lion et dépréciait le tigre et les autres prédateurs. Cette attitude lui fut reprochée par les naturalistes du siècle suivant, mieux documentés sur le plan scientifique, mais aussi, probablement plus inspirés par les conceptions sociales de la république que par celles de l'ancien régime. Voici ce qu'en disait Orbigny (103) au milieu du XIXe siècle :

> « Buffon, s'il a paré le Lion des qualités qu'il n'a pas, s'est plu, par compensation et pour faire ombre au tableau, à nous peindre le Tigre avec les couleurs les plus noires ; il le représente comme ayant une férocité inouïe, une cruauté indomptable, et une soif de sang qui le dévore constamment. Le fait est que le Tigre n'est pas plus cruel que le Lion ; mais il est rusé pour approcher sa proie, plus audacieux pour l'attaquer, et plus courageux pour la combattre. Poussé par la faim, il se jette indifféremment sur tous les animaux, même sur l'homme, et dans ce cas aucun danger ne l'intimide. On en a vu sortir de la forêt, s'élancer avec la rapidité de l'éclair, saisir un cavalier au milieu d'un bataillon d'une armée, l'emporter dans les bois et disparaître avant même qu'on ait eu le temps de le poursuivre. »

Le *Dictionnaire Général des Sciences Théoriques et Appliquées* (123), en 1870, revient encore sur les préjugés de Buffon, à propos du tigre :

> « Il habite l'Asie, dit Linné ; c'est un animal d'une redoutable rapidité, très funeste à l'homme, il désole les Indiens ; le mâle tue ses propres fils. On l'a vu tuer le lion. Quant à Buffon, il faut bien le dire, il a calomnié le tigre à plaisir au profit du lion qu'il embellissait en poëte. Il ressort de son article sur ce bel animal que notre grand naturaliste en a seulement vu le squelette et la peau bourrée ; qu'il a eu peu de renseignements précis sur le caractère et les mœurs qu'il a tenté de décrire. »

Si Buffon exaltait le courage et la force du lion, il considérait, néanmoins, que ses qualités étaient considérablement tempérées en fonction de la présence ou de l'absence de l'Homme :

> « Cette supériorité de nombre & d'industrie dans l'homme, qui brise la force du lion, en énerve aussi le courage : cette qualité, quoique naturelle, s'exalte ou se tempère dans l'animal suivant l'usage heureux ou malheureux qu'il a fait de sa force. Dans les vastes déserts du Zaara [...] & en général dans toutes les parties méridionales de l'Afrique et de l'Asie, où l'homme a dédaigné d'habiter, les lions sont encore en assez

grand nombre, & sont tels que la nature les produit : accoutumés à mesurer leurs forces avec tous les animaux qu'ils rencontrent, l'habitude de vaincre les rend intrépides & terribles ; ne connoissant pas la puissance de l'homme, ils n'en ont nulle crainte : n'ayant pas éprouvé les forces de ses armes, ils semblent les braver ; les blessures les irritent, mais sans les effrayer [...] Les lions au contraire, qui habitent aux environs des villes & des bourgades de l'Inde et de la Barbarie ayant connu l'homme & la force de ses armes, ont perdu leur courage au point d'obéir à sa voix menaçante, de n'oser l'attaquer, de ne se jeter que sur le menu bétail, & enfin de s'enfuir en se laissant poursuivre par des femmes ou par des enfans, qui leur font, à coups de bâtons, quitter prise et lâcher indignement leur proie. »

Malgré l'immense prestige scientifique de Buffon, certains de ses successeurs n'hésitèrent pas à le contredire. En particulier, Orbigny, qui, 68 ans plus tard, en 1843, présentait le « roi des animaux » et les autres félins de façon beaucoup moins élogieuse, fondant ses arguments à la fois sur les données de l'anatomie comparée et sur l'observation des comportements de chasse qui avaient pu lui être rapportés. Mais son interprétation restait encore empreinte des préjugés moraux de son époque, en particulier sur les valeurs respectives du courage et de la lâcheté :

« Leur intelligence est généralement moins développée que celle des mammifères qui les précèdent dans la classification de Cuvier ; ce qui vient probablement du peu de place que l'énorme développement de leur mâchoire et des muscles de leur tête a laissé à la boîte cérébrale. De là, leur peu de courage ; car, quoi qu'on en puisse dire, le courage est un pur effet de l'intelligence qui domine l'instinct inné de la conservation. L'homme, par cette raison, devait être le plus courageux des animaux, et il l'est en effet, comme il en est le plus intelligent ; mais la stupidité peut quelquefois tenir lieu de courage, soit en empêchant de voir le danger, comme dans l'Ours blanc et le Glouton, soit en l'exagérant, comme chez les animaux lâches, qui, croyant leur vie menacée, combattent avec désespoir, avec fureur ; c'est ce qu'on appelle le courage de la peur, et celui-ci est terrible. Ces animaux lâches n'attaqueront leur proie que lorsqu'ils y seront poussés par la plus cruelle nécessité, la faim ; ils ne l'attaqueront jamais de face, dans la crainte d'une résistance, mais ils se glisseront dans l'ombre de la nuit, se placeront en embuscade, l'attendront en silence et avec une patience que rien ne lassera, s'élanceront sur elle à l'improviste, la surprendront et la tueront sans combat, sans la moindre lutte. Alors même que leur faible victime succombera sans essayer de se défendre, ils ne commettront pas le meurtre sans colère ; et, s'ils rencontrent la moindre résistance, la crainte les poussera à une fuite honteuse ou à la fureur : dans ce dernier cas, le combat sera terrible et désespéré. Tels sont les chats. »

La chasse aux grands fauves

Depuis l'Antiquité, chasser le lion était une grande preuve de bravoure, surtout quand on songe aux armes utilisées à l'époque. Beaucoup plus tard, certains Européens s'aventurèrent à ce genre de sport, les armes à feu apportant un net avantage sur l'arc, la sagaie ou la lance. Mais il faut tout de même considérer que les premiers fusils ne tiraient qu'un seul coup, que l'allumage n'était pas immédiat, et que le temps de recharger était assez long, exposant le chasseur à un grand danger si sa victime n'était pas tuée sur le coup. Il suffit, pour s'en convaincre, de lire les récits d'Adulphe Delegorgue (106), chasseur naturaliste qui avait séjourné en Afrique du Sud entre 1838 et 1844 :

> « Le lion, qui, chez nous, jouit d'une si haute réputation de noblesse et de courage, ne la conserve probablement aussi entière que parce qu'il habite loin de notre pays et que nous ne sommes nullement à même d'observer ses mœurs à l'état sauvage. Au dire des chasseurs sud-africains habitant les contrées nouvellement envahies, où chaque jour l'on rencontre ces animaux, le lion est un animal qu'il est prudent de laisser passer sans molestation. Sa chasse offre des dangers, et la possession de sa peau ne rapportant que 50 ou 75 francs, ne tente pas suffisamment la cupidité pour engager des hommes à en faire la chasse spéciale. Aussi le plus souvent le lion doit-il la vie à son peu de valeur intrinsèque. Mais, par suite de ses déprédations nocturnes, quand, après avoir dispersé des bœufs, le lion s'est emparé de quelqu'un d'entre eux, la colère du Boer, lésé dans ses intérêts les plus chers, ne connaît point de bornes ; elle ne calcule plus rien, et son apaisement ne sera complet que lorsque la peau du lion portée au marché aura payé une partie des pertes.
>
> Notre Boer partira seul à cheval ; quelquefois des amis l'accompagneront, mais la société est peu utile ; elle tourne même fréquemment à l'avantage du lion que l'on attaque. L'animal a été vu ; il s'est levé ; lentement et fièrement il a parcouru de 15 à 30 pas, jetant fréquemment un regard sur ses arrières, puis il s'est couché. Son parti est bien pris : ce qu'il veut, c'est tout d'abord du respect ; l'attaque-t-on, c'est vaincre ou mourir.
>
> Le Boer l'approche à 30 pas. Jusque-là point de danger ; il est libre encore de l'attaque et de la retraite ; mais, bien résolu, notre homme tourne son cheval la croupe du côté du lion. Il en saute à bas, conservant

la bride passée au bras gauche ; il ajuste et tire. Que la balle ait atteint la cervelle, la mort est instantanée ; l'animal roule ou s'affaisse alors, sans rien témoigner qu'un tremblement des pattes, qui s'allongent, et tout est fini. Mais que le chasseur ait tiré en plein corps, la question change. Il est impossible de savoir si le coup est léger ou mortel ; l'hémorragie peut se déclarer dans l'effort violent que fait l'animal pour se venger ; elle est plus ou moins prompte, lors même que le cœur a été traversé de part en part ; et dans une circonstance de ce genre à moi connue, il arriva que le lion vécut encore assez pour s'élancer sur le cheval, le déchirer de trois coups de patte, lorsqu'il expira proche du cavalier, renversé par le choc. [...] Le mieux, en pareil cas, est de faire le sacrifice du cheval en s'en écartant pour recharger son arme, et tout chasseur qui se possède pourra, s'il le veut ensuite, approcher à bout portant le carnassier furieux qui s'acharne sur sa victime, et l'étendre d'un seul coup à ses pieds. [...] Mais si un si grand courage n'est provoqué que par des circonstances indépendantes de la volonté du lion ; et jugé sous un autre aspect, le roi des animaux ne mérite plus son titre ; il n'est même plus digne du respect qu'on lui porte. En effet, et plus de cinquante fois je l'ai vu, le lion pris au dépourvu s'enfuit à l'aspect d'un homme seul, d'un enfant, d'un chien qui surgit inopinément devant et proche de lui. [...]
Le lion est donc plus pacifique et moins dangereux pour l'homme qu'on ne se l'imagine ordinairement. Il arrive tous les jours que les Cafres, qui n'ont pas d'armes à feu, traversent avec leur famille des espaces où circulent de ces animaux, et pour ces hommes la présence des lions n'est point une cause d'effroi. Un ou plusieurs lions bondissent à 10 pas et se maintiennent à 30 ; les Cafres passent comme sans y prendre garde, et jamais je n'ai oui parler d'accidents dont les lions eussent été les auteurs sans provocation. Ces mêmes Cafres chassent-ils devant eux des bœufs ou des vaches, la question peut changer ; je ne réponds pas des bêtes à cornes, non plus des propriétaires qui voudront les protéger. Mais ici l'on peut voir encore que le lion ne s'adresse pas directement à l'homme. »

Adulphe Delegorgue, qui donne également de nombreuses indications ethnologiques et politiques sur l'Afrique du Sud des années 1840, signale comment les Zoulous chassaient parfois le lion à la sagaie :

« L'un d'eux, porteur d'un vaste bouclier de buffle épais et dur auquel a été donné une forme concave, s'approche le premier de l'animal et lui lance hardiment une assagaye. Le lion bondit vers son agresseur ; mais l'homme s'est laissé tomber à plat sur la terre, et son bouclier le recouvre de même que ces cônes marins adhérant aux rochers sans permettre la moindre prise. Un instant de satisfaction s'écoule pour l'animal indécis, puis il essaie ses griffes et ses dents sur la partie supérieure du bouclier, qui les voit glisser sans effet produit. Il redouble en y mettant plus de force, et alors, cerné par la bande d'hommes armés, son corps est tour à tour percé de vingt, de cent assagayes à la hampe trémoussante qu'il s'imagine recevoir de l'homme qu'il tient sous lui. Les assaillants se retirent, le lion s'affaiblit bientôt et tombe à côté du Cafre à la carapace, lequel a soin de ne se dégager que quand le terrible animal ne donne plus signe de vie. »

Fauves mangeurs d'hommes

Les fauves se nourrissent ordinairement de grands mammifères, et l'Homme fait rarement partie de leur régime alimentaire. Les cas de prédation sur l'Homme sont rares, venant souvent d'animaux blessés ou vieux qui ne parviennent plus à tuer leurs proies habituelles. C'est en Inde que l'on déplore le plus grand nombre d'accidents. Signalons la célèbre tigresse mangeuse d'Homme, abattue en 1902, qui avait tué 438 personnes en huit ans. Dans les années 1950, chaque année, près de 5 000 personnes étaient encore victimes des tigres, alors qu'on en compte plus qu'une cinquantaine aujourd'hui. Cela se produit maintenant dans les parcs naturels où les villageois des environs ont le droit de pénétrer, par exemple pour pêcher, collecter des feuilles de palmier, etc. Ayant remarqué que les attaques du tigre se faisaient le plus souvent par derrière, les autorités indiennes ont même préconisé, dans les années 1980, le port de masques placés sur la nuque ; mais il semble que la méthode ait eu assez peu d'efficacité. Quelques rares cas de prédation d'enfants par des panthères ont également été signalés à la périphérie d'agglomérations indiennes. Il est surprenant de voir comment, certaines populations rurales indiennes acceptent encore de courir le risque d'une mort provoquée par un fauve (ou par un éléphant sauvage), alors que dans la plupart des autres sociétés ce genre d'aléas parait inconcevable (bien que les risques dûs aux accidents de la route soient plus ou moins tolérés). Mais on s'adresse, ici, aux peurs ancestrales et à l'irrationnel !

En Afrique, les histoires de lions mangeurs d'homme sont nombreuses et beaucoup de récits relatent des attaques de villageois. Mais il s'agit presque toujours de faits isolés et il est difficile d'avoir une idée du nombre exact de décès dus aux lions. Il semblerait que le nombre d'accidents augmente après raréfaction des grands ruminants, extension des cultures, ou bien d'autres déséquilibres écologiques.

En Amérique tropicale, les accidents dus aux attaques de jaguars ou de pumas sont actuellement exceptionnels, provenant le plus souvent d'animaux blessés par des chasseurs et, en Guyane française, aucun document n'atteste une quelconque prédation par ces félins. En revanche, certains jaguars s'approchent des villages et des campements, s'en prenant parfois au bétail, et il est arrivé que l'un d'eux pénètre dans une habitation ouverte pour tuer un chien et l'emporter. A noter que les Amérindiens parlent de prédations sur l'Homme, du temps de leurs aïeux, avant l'introduction des fusils.

Jusqu'à une période très récente les prédateurs étaient systématiquement considérés comme nuisibles et leur destruction passait pour une activité indispensable. Voici ce qu'en disait, à propos du tigre, le *Dictionnaire Pittoresque d'Histoire Naturelle* (121), édité en 1835 :

> « La chasse aux Tigres se fait dans l'Indoustan de différentes manières : tantôt le chasseur se met à l'affût dans un fossé près du lieu où l'animal a l'habitude de venir boire, tantôt il s'avance dans une charrette traînée par des Bœufs : en présence du Tigre, il faut l'ajuster au front et l'abattre du premier coup, car sans cela l'animal s'élance sur le chasseur et le met en pièce avant qu'il ait le temps de recharger son arme. On fait souvent la chasse aux Tigres avec un grand appareil ; des Eléphans sont dressés pour cette sorte de guerre ; des corps de gens armés les enveloppent dans une vaste enceinte et les attaquent avec toutes sortes d'armes. Une autre manière de détruire les Tigres est la suivante : un vase plein d'eau contenant de l'acide arsénieux est placé près d'un animal que l'on attache à un arbre ; le Tigre, après avoir dévoré cette victime qu'on lui abandonne, vient étancher sa soif, et alors il s'empoisonne. Enfin, diverses machines et différens piéges ont été inventés pour détruire les Tigres. »

Quant à Buffon, voici ce qu'il disait, en 1775, à propos du comportement de la tigresse et ses petits :

> « Elle est furieuse en tout temps ; mais sa rage devient extrême lorsqu'on les lui ravit ; elle brave tous les périls, elle suit les ravisseurs, qui se trouvant pressés sont obligés de lui relâcher un de ses petits ; elle s'arrête, le saisit, l'emporte pour le mettre à l'abri, revient quelques instans après & les poursuit jusqu'aux portes des villes ou jusqu'à leurs vaisseaux : & lorsqu'elle a perdu tout espoir de recouvrer sa perte, des cris forcenés & lugubres, des hurlemens affreux expriment sa douleur cruelle & font encore frémir ceux qui les entendent de loin. »

Découverte des félins du Nouveau Monde

Dès que les premiers conquistadors pénétrèrent dans les terres continentales d'Amérique, ils furent confrontés au jaguar et au puma, seuls grands félins de ce continent. Pierre Martyr (6) en fait mention à propos de la colonie du Darien (actuel Panama) :

> « L'année dernière (1515), à ce qu'on raconte, un tigre ravageait le Darien. Il faisait autant de mal que jadis le sanglier enragé de Calydon ou le lion féroce de Némée. Pendant six mois entiers, pas une nuit ne se passa sans qu'il n'eu fait une victime, et égorgé soit une juman, soit une génisse, un chien ou un porc. Passe encore pour les troupeaux ou les bêtes : mais il n'était pas prudent de sortir de chez soi, surtout l'époque où il nourrissait ses petits, car alors, quand ils réclamaient à manger, le monstre s'attaquait aux hommes, s'il rencontrait sur son chemin des hommes avant des animaux. [...] Lorsqu'on demande à ces gens, qui n'ont jamais vu de tigre, pourquoi ils affirment que cet animal était un tigre, ils répondent que c'est parce qu'il est tâcheté, féroce, adroit, et qu'il présente les autres caractères que les auteurs attribuent aux tigres. Pourtant la plupart des Espagnols affirment qu'ils ont aussi vu la-bas des léopards tachetés et des panthères. »

Quarante ans plus tard, cette fois-ci au Brésil, dans la baie de l'actuel Rio, Jean de Léry (18), qui avait séjourné au contact des Amérindiens Tupinambas entre 1557 et 1558 écrivait :

> « Outre plus, il y a en ce païs-là une beste ravissante (*prédatrice*) que les Sauvages appellent Ian-ou-are, laquelle est presque aussi haute enjambee & legere à courir qu'un levrier : mais come elle a de grands poils à l'entour du menton (*il s'agit des vibrisses*), & la peau fort belle & bigarree comme celle de l'Once (*panthère*), aussi en tout le reste lui ressemble-elle bien fort. Les Sauvages, non sans cause, craignent merveilleusement cette beste : car vivant de proye comme le Lion, si elle les peut atraper elle ne faut point de les tuer, puis les deschirer par pieces & les manger. Et de leur costé aussi comme ils sont cruels & vindicatifs contre toute chose qui leur nuit, quand ils en peuvent prendre quelques unes aux chausses-trapes (ce qu'ils font souvent) ne leur pouvant pis faire, ils les dardent et meurtrissent à coup de flesches, & les font ainsi longuement languir dans les fosses où elles sont tombées, avant que de les achever de tuer. »

Jean de Léry utilise le nom local *Ian-ou-are* pour nommer cet animal. Ce terme, qui appartient à la langue tupi et qui est largement répandu dans toute l'Amazonie, se trouve donc à l'origine du mot « jaguar ». Mais selon les régions et l'origine des premiers colons, ce même animal fut aussi bien appelé jaguar, que tigre, ou once, en référence aux grands félins de l'Ancien Monde. De la même façon, le puma (nom d'origine *quecha*), fut également nommé couguar (dérivé de la langue Tupi *susuarana*), ou bien tigre rouge en Guyane, lion des montagnes en Amérique centrale, et même panthère dans certaines régions. Au XVIIIe siècle on parlait communément du lion et du tigre d'Amérique, respectivement pour le puma et pour le jaguar, confondant ces deux félins américains avec leurs homologues de l'Ancien Monde. C'est le naturaliste Buffon qui clarifia les choses en montrant qu'il ne s'agissait pas des mêmes espèces. Et pour bien marquer la différence, il utilisa dans ses ouvrages deux noms d'origines américaines : *couguar* et *jaguar* pour chacune de ces deux espèces.

Confusions dans la nomenclature des grands félins

Pendant longtemps on a confondu les félins tachetés entre eux, la confusion s'étendant parfois même jusqu'au tigre. Il faut dire que la plupart du temps ces animaux n'étaient connus que par leurs peaux, souvent transportées à grandes distances par les commerçants. Nombre de ces félins tachetés ont une large répartition géographique et, d'une région à une autre, le dessin de la robe peut varier au point de les faire prendre pour des espèces différentes. En outre, il existe au sein des mêmes populations de fortes différences individuelles de taille corporelle et de dessin.

Les mots panthère, pardalus, pardus, liépard, léopard, et once, d'origines très anciennes, ont étés utilisés en Europe pour nommer la seule et unique espèce reconnue aujourd'hui sous le nom scientifique de *Panthera pardus* et dénommée, dans le langage courant actuel, panthère ou léopard (les deux termes sont synonymes). Buffon, à partir du dessin des peaux et des mensurations (mais il disposait d'un matériel peu abondant dont les provenances étaient parfois douteuses) distinguait trois espèces (léopard, panthère, et once) là où il n'y en a qu'une seule : cette confusion des termes s'est encore accrue après la découverte de la panthère des neiges (*Uncia uncia*), animal localisé aux montagnes asiatiques et qui s'est vu attribuer le nom d'once. Pour ajouter encore à la confusion, le nom scientifique du jaguar (animal américain) est *Panthera onca* ! Quant aux animaux mélaniques (panthère noire, jaguar noir) ou albinos (tigre blanc), il ne s'agit que de variétés génétiques appartenant à leurs espèces respectives.

Voici l'état actuel de la nomenclature scientifique des grands félins : dans le genre ***Panthera***, on distingue quatre espèces : *P. tigris* (tigre), *P. leo* (lion), *P. pardus* (panthère ou léopard), et *P. onca* (jaguar). Dans le genre ***Uncia***, une seule espèce : *U. uncia* (once ou panthère des neiges). Dans le genre ***Puma***, deux espèces : *P. concolor* (puma ou couguar), et *P. yagouaroundi* (jaguarondi), toutes deux américaines. Dans le genre ***Leopardus***, neuf espèces, dont *L. pardalis* (ocelot américain). Dans le genre ***Neofelis***, une seule espèce : *N. nebulosa* (panthère nébuleuse ou longibande, qui vit en Asie du sud-est). Dans le genre ***Lynx***, quatre espèces dont celle d'Europe : *L. lynx* (loup-cervier des anciens textes). Dans le genre ***Acinonyx***, une seule espèce : *A. jubatus* (guépard, qui vit en Afrique et en Asie, également confondu par Buffon avec la panthère). La famille des Félidés compte une quarantaine d'espèces vivantes, réparties dans 14 genres, dont le genre *Felis*, qui comprend les plus petites espèces, en particulier celle du chat domestique, originaire du Moyen-Orient.

Jaguar traversant un bras d'eau (Guyane)

Quelques éléments sur les félins

Les félidés descendent de carnivores primitifs de petite taille, probablement forestiers, qui vivaient il y a 60 millions d'années. La famille proprement dite constitue un rameau relativement moderne, entre 20 et 25 millions d'années, d'origine européenne et africaine. Ce groupe est caractérisé par la présence de griffes rétractiles (à l'exception du guépard) et de dents spécialisées pour tuer rapidement des proies de grande taille. Le crâne, profondément modifié par la taille des canines et la force musculaire des mâchoires, entraine un alourdissement de la tête préjudiciable aux capacités à la course. Aussi, presque tous les félins chassent-ils à l'affût, saisissant leurs proies dans un délai de temps minimum, après une course fulgurante, très coûteuse en énergie. Le guépard, dont la tête est proportionnellement plus petite, fait exception, ce qui lui permet de courir un peu plus longtemps que les autres félins, atteignant la vitesse de 100 kilomètres/heure et pouvant réaliser des crochets et volte-face acrobatiques. Mais, incapable de rompre les vertèbres de ses victimes, il étouffe ces dernières en leur serrant longuement le larynx (le lynx procède de la même manière). Les autres grands félins, après avoir déséquilibré leur proie d'un coup de patte, pour les faire tomber, les tuent généralement en leur broyant les vertèbres cervicales ou le larynx. A noter que le jaguar tue en perçant le crâne, grâce à ses fortes canines.

La majorité des félins sont solitaires et territoriaux, le territoire d'un mâle se superposant à celui d'une ou de plusieurs femelles. Les rencontres sont rares, se produisant essentiellement durant la période de reproduction, et la femelle s'occupe seule de ses jeunes. Les communications sociales sont le plus souvent indirectes, par marquages urinaires et vocalisations.

Le lion fait exception à ce schéma car il vit en groupes et chasse souvent en coopération. Le noyau du groupe social est le matriarcat, composé de femelles affiliées, mères et filles devenues adultes, de leurs jeunes, et de quelques mâles adultes venus de l'extérieur (les jeunes mâles nés au sein du matriarcat quittent le groupe au moment de leur puberté). Les mâles adultes chassent moins souvent que les femelles, mais leur rôle est plus spécialement dévolu à la sécurisation du groupe contre les lions étrangers. Ces mâles ne restent que quelques années dans la troupe, d'autres mâles adultes venant les supplanter après des combats féroces. Quand un nouveau mâle dominant prend possession d'un matriarcat, il commence par tuer les jeunes lionceaux, ce qui déclenche de nouvelles ovulations chez les femelles. Ce phénomène d'infanticide, décrit chez de nombreux autres mammifères, y compris chez les Primates, favoriserait la sélection des mâles les plus agressifs.

Tamarin à mains dorées *Saguinus midas*, Guyane

IX.
Les singes

Le monde antique méditerranéen connaissait bien le singe magot (*Macaca sylvana*) espèce vivant encore de nos jours dans certaines forêts du Maroc et d'Algérie mais dont les populations étaient alors largement répandues dans toute l'Afrique du Nord, jusqu'en Lybie. Les Egyptiens connaissaient également les babouins (genre *Papio*), originaires du sud de la mer Rouge et du Soudan (modèle de leur dieu Thot), ainsi qu'un cercopithèque, probablement le grivet *Chlorocebus aethiops*, provenant également des régions éthiopiennes.

Les Grecs utilisaient les termes *Pithecos* pour le magot, reconnaissable à sa queue atrophiée, *cynocephalos* pour les babouins (littéralement « tête de chien »), et *kébos* pour une espèce pourvue d'une longue queue. *Kébos* aurait une racine commune avec les termes, *kipor*, *cephus*, *cebus*, *cepus*, *cerpus*, *kophin,* etc. employés par les anciens. Toujours pour les singes à longue queue, les Grecs utilisaient également les termes *cercopithecos,* littéralement singe à queue, ou bien *callitriche,* littéralement beau poil.

Les Latins connaissaient les singes sous le nom de *simia* pour le magot, *cephi* ou *mona* pour les cercopithèques, et *cynocephalus*, *satyrus* et parfois *callitriche* pour les babouins. Mais, pour ces derniers, ils prenaient vraisemblablement les mâles, les femelles et les jeunes pour des espèces différentes, leur attribuant plusieurs noms.

Il ne semble pas que les anciens peuples méditerranéens aient connu les anthropoïdes (gorilles et chimpanzés). Le récit du général carthaginois Hannon (environ Ve siècle Av. J.-C.), revenu des côtes d'Afrique avec les peaux de trois « femmes » velues du peuple des *gorilla*, qui vivait sur une île, fait penser que les êtres auxquels il avait eu affaire auraient pu être des humains (?). Les mythologies de cette époque étant peuplées de divinités champêtres, mi-homme, mi-bête, telles que *satyres*, *faunes*, *sylvains*, *pans*, *aegypans*, *sphynx, sylènes,* etc., l'interprétation des textes anciens est assez aléatoire. En tout cas, plus tard, les Romains n'ont apparemment jamais utilisé de singes anthropoïdes dans les jeux de cirque.

Les navigateurs de la fin du XVe et début XVIe connaissaient donc quelques Primates, au moins par les textes, et ceux qu'ils découvrirent dans les régions tropicales furent plus ou moins assimilés aux espèces déjà mentionnées dans la littérature. Par exemple, Pierre Martyr (6), contemporain de Christophe Colomb, rapporte les témoignages des premiers ecclésiastiques colonisant l'Amérique centrale :

> « Il existe un autre animal plus petit qu'un chien français qu'on nomme anarata. Il a la figure d'un homme, la barbe épaisse, il a belle et fière allure, les mains, les pieds et le visage semblables à ceux d'un homme. Il se nourrit des fruits des arbres, avance en groupe en se glissant parmi les arbres comme un chat ou un singe, grogne souvent contre ses congénères, de sorte que les moines qui arrivèrent là les premiers pensaient qu'il s'agissait de colonnes de démons qui furieux de les voir arriver, faisaient du bruit pour les effrayer. C'est un animal très adroit qui sait éviter les traits qu'on lui lance, les attraper et les renvoyer au lanceur. Je pense qu'il appartient au groupe des singes ou des cercopithèques, mais les moines affirment que non. »

A peu près à la même époque, au tout début du XVIe siècle, les récits de Jean Léon l'Africain (9), qui avait vécu près de 25 ans en Afrique du Nord, apportait des informations nouvelles sur la faune de cette région, en particulier sur le singe magot dont les comportements sont décrits avec plus d'exactitude et de réalisme :

> « On en trouve une grande quantité aus boys de Moritanie, montagnes de Bugie & Constantine. Ils ont (comme l'on peut le veoir) non seulement les pieds, & les mains, mais encore un trait approchant bien fort de la face humaine : & leur à Nature donné entre autres choses un bon sens, & merveilleuse astuce. Ils se nourrissent d'herbes, & de grain, & voulans dérober les épies, s'assemblent vingt, & trente, & l'un d'eus demeure hors le champ aus écoutes, de là ou il n'à pas plus tôt aperceu le maitre de la possession venir, qu'il jete un grand cry : au son duquel tous les autres gaignent le haut, & se sauvent de vitesse, grimpans sur les arbres, & sautant d'un à l'autre. Les femelles portent leurs petits sur les épaules, & avec iceus sautent semblablement d'arbre en arbre, & de branche en branche. Ceus, qui sont faits & aprins (*élevés et dressés*), font choses incredibles & admirables : mais se sont de dépiteuses & cruelles bétes : combien que leur courrous soit de peu de durée. »

Les voyageurs disposaient donc d'une certaine connaissance livresque de l'existence de ces animaux, et les noms déjà en usage furent appliqués aux espèces découvertes dans les nouvelles contrées (singes, mones, callitriches, guenons, etc.). Des noms locaux furent également utilisés, mais leur transcription dans les langues européennes les déformait.

De nombreux singes étaient rapportés par les marins, mais, arrivés en Europe, la plupart mouraient rapidement, faute de soins adéquats. Ici, un siamang tenant un singe par la queue. Gravure extraite de *Singes et Singeries*, H Coupin, 1907 (114).

Noms de singes

Dès le début du XVIe siècle les Français utilisaient le plus souvent les mots *singe*, dérivé du *simia* du latin, *mone*, dérivé de l'une des nombreuses dénominations de l'Antiquité pour les cercopithèques, ou bien encore *guenon*, dérivé du vieux français. Mais le terme guenon (parfois guenuche pour les jeunes individus), qui s'appliquait d'abord aux cercopithèques dans leur ensemble, fut progressivement utilisé pour désigner la femelle de toutes les espèces de singes. En revanche, les Anglais continuent à utiliser le mot guenon pour le seul groupe des cercopithèques, sans distinction de sexe.

Dès la découverte des côtes d'Afrique tropicale, les Portugais empruntèrent le mot *macaco* à une langue africaine, terme qui a donné macaque en français. Quant au *mono* des Espagnols et au *monkey* des anglais, ils dérivent de la mone de l'Antiquité. Buffon signale d'ailleurs que « Mona, Monina, Mounina, est le nom des Guenons ou Singes à longue queue, dans les langues Moresque, Espagnole et Provencale. » Le terme cynocéphale des anciens (tête de chien) a été remplacé par *babuino* en italien, *bavion* en vieux français, et *Papio* par les auteurs écrivant en latin. Buffon aurait exhumé cette ancienne appellation à des fins tout à fait particulières : en effet, poursuivi en justice par la famille Baboin, industriels « soyeux » et financiers de Lyon à qui il devait de l'argent, il s'en serait vengé en réhabilitant le mot *babouin* pour nommer le cynocéphale. Il brossa un tableau effroyable de l'animal, tout en justifiant son choix par le fait que le mot babouin dériverait de babine !

Les termes *ape* et *affe*, utilisés respectivement en anglais et en allemand, dériveraient d'une vieille racine germanique. En anglais, ce terme a été progressivement restreint à l'appellation des anthropoïdes (chimpanzé, gorille, orang-outang), alors que monkey est réservé aux autres singes. Buffon, qui avait bien saisi la particularité des anthropoïdes, proposait de réserver le terme singe pour ce seul groupe, mais sans pour autant proposer un nom général pour les autres Primates qu'il dénommait séparément *babouins*, *guenons*, *mandrills*, *sapajous*, *ouistitis*, etc. On continua donc en France, malgré les recommandations de Buffon, à utiliser le mot *singe* pour presque toutes les espèces de Primates (à l'exception des lémuriens et des tarsiers). Il fallut, plus tard, créer les appellations *grands-singes* ou *singes-anthropoïdes*, pour trouver l'équivalent de l'*ape* des Anglais.

Au fur et à mesure que de nouvelles espèces étaient découvertes, essentiellement aux XVIIIe et XIXe siècles, les auteurs s'efforçaient de recueillir les noms locaux qu'ils retranscrivaient, le plus souvent en les déformant. On en retrouve de nombreux en français, comme pongo, chimpanzé, orang-outang, mangabey, ouistiti, sagouin, sajou, sapajou, etc. Mais d'autres noms, souvent utilisés dans la littérature du XIXe siècle, n'eurent pas autant de succès et tombèrent progressivement en désuétude comme ouenderou, lowando, maimon, malbrouck, douc, yarqué, ouarine, sai, ériode, gigo, marikina, kahan, tartarin (du pays Tartar), etc.

La nomenclature scientifique a parfois adopté les noms locaux des nouvelles espèces, en les latinisant, mais les systématiciens des siècles passés, imprégnés de culture grecque et latine, utilisaient le plus souvent des noms inspirés de l'Antiquité. C'est ainsi que les genres *Cebus* et *Callitriche* (issus de la Grèce antique) furent attribués à des animaux américains. Les anthropoïdes furent appelés *pygmées*, *satyres*, *pans*, *troglodytes,* etc., en référence aux êtres issus de la mythologie grecque et latine, lutins difformes, nains et le plus souvent malfaisants. La systématique moderne est régie par des lois internationales très strictes, dont l'une, stipule quand il y a synonymie, de donner la priorité au nom le plus anciennement attribué. C'est ainsi que le chimpanzé est devenu *Pan troglodytes*, l'orang-outang *Pongo pygmaeus*, et le gorille *Gorilla gorilla* (référence au peuple Gorilla des anciens Carthaginois).

Les anthropoïdes

Très tôt, dès la fin du XVIe siècle, les premiers indices de la présence de deux grands singes anthropoïdes africains (hommes-singes, ou man-like-apes) étaient parvenus en Europe. Un certain Andrew Battle (21), corsaire écossais parti en Afrique au service de l'Espagne puis, un temps, prisonnier des Portugais (dans les années 1590), avait vécu parmi des nations africaines, vraisemblablement entre le Congo et le Gabon. Dans son récit, recueilli et publié par Samuel Purchas (21), en 1613 & 1625, Battle décrit deux espèces appelées localement *engeco* et *mpungu.* La première, qui correspond au chimpanzé, a vu son nom transformé en « enjoko » puis « jocko ». La seconde, qui correspond au gorille, a vu son nom transformé en « mpongo » puis « pongo ». Le nom de jocko fut longtemps utilisé pour désigner le chimpanzé, et celui de pongo est devenu, plus tard, le nom scientifique de genre de l'orang-outang, qui pourtant est asiatique ! Battle décrit ces deux grands Primates d'Afrique de la façon suivante :

> « Le plus grand de ces deux monstres est appelé Pongo [Mpungu] dans leur langue, et le plus petit est appelé Enjoko. Ce Pongo est en toutes proportions comme un homme, mais sa stature est plus celle d'un géant

que d'un homme ; car il est très grand et a une face humaine, des yeux enfoncés, et de longs cheveux au dessus des sourcils. Sa face et ses oreilles n'ont pas de poils, ainsi que ses mains. Son corps est tout couvert de poils, mais qui ne sont pas épais, il est de couleur brun foncé (*dunnish color*). Ses jambes diffèrent de celles de l'homme par l'absence de mollets. Il va toujours sur ses jambes, serrant ses mains sur la nuque quand il marche au sol. Ils dorment dans les arbres, et construisent des petits abris contre la pluie. Ils se nourrissent de fruits qu'ils trouvent dans les bois, et de noix, et ne mangent aucune sorte de viande. Ils ne peuvent pas parler, et n'ont pas plus d'entendement qu'une bête.

Les peuples de ce pays, quand ils voyagent dans les bois, font des feux quand ils dorment la nuit. Et au matin, quand ils sont partis, les Pongos viennent s'assoir auprès du feu jusqu'à ce qu'il soit éteint, car ils ne savent pas rapprocher les buches. Ils vont en groupes et tuent beaucoup de noirs qui voyagent dans les bois. Souvent ils rencontrent les éléphants qui viennent se nourrir là où ils sont, et les chassent de leurs points fermés et avec des bâtons, les faisant fuir en hurlant.

Ces Pongos ne sont jamais pris vivants, car ils sont si forts que dix hommes ne peuvent en tenir un seul, toutefois ils attrapent beaucoup de leurs jeunes avec des flèches empoisonnées. Le jeune Pongo se pend au ventre de sa mère, ses mains agrippées à elle, si bien que lorsque les habitants du pays tuent l'une des femelles, ils capturent le jeune qui est attaché à sa mère. Quand l'un d'eux meurt, les autres couvrent son corps de branchages et de morceaux de bois, ce que l'on rencontre communément en forêt. »

Purchas regrette que Battle ait oublié, avant sa mort, de donner plus d'informations sur la seconde espèce (enjoko). Il mentionne également que les pongos peuvent enlever des enfants humains, sans les tuer ! A part cet élément fantaisiste, ainsi que quelques autres, vraisemblablement entendus auprès des villageois qu'il avait fréquentés, une bonne partie des descriptions montre qu'il s'agit bien du gorille, et que Battle avait peut-être eu l'occasion d'observer des jeunes individus rapportés par les chasseurs.

Outre le témoignage de Battle, mais aussi celui du Portugais Duarte Lopez (17), qui avait séjourné sur les rives du Congo, d'autres récits émanaient des îles de la Sonde où les Hollandais établissaient des comptoirs commerciaux. Là-bas, on entendait parler d'un « homme de la forêt », *orang-outang* en malais. Mais à l'époque on se préoccupait essentiellement de la description des animaux, sans prêter beaucoup d'attention à leur provenance géographique exacte. La première description de cette espèce, faite par le médecin hollandais Jacques de Bond (27), qui avait séjourné à Java de 1626 jusqu'à sa mort, en 1631, était assez peu précise, en particulier son dessin qui représente plutôt une sorte de femme velue !

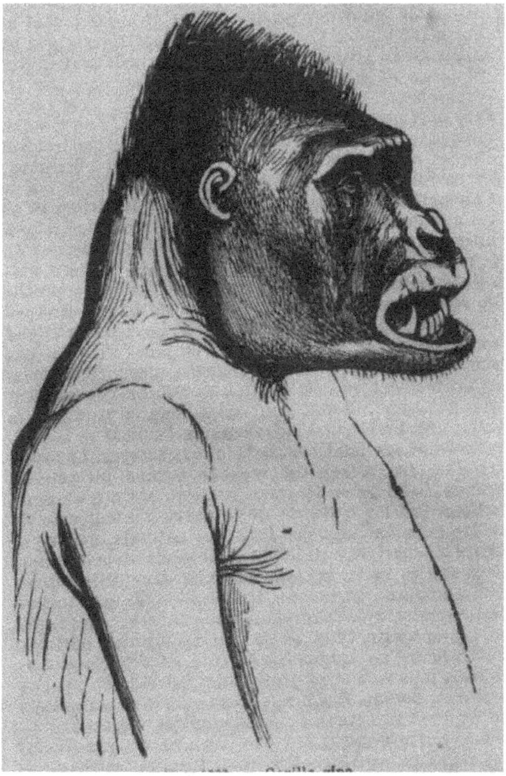

Gorille. Vraisemblablement, le dessinateur ne disposait que d'une tête qu'il a replacée sur un corps humain. *Dictionnaire Général des Sciences Théoriques et Appliquées de 1870.*

Jacques de Bondt raconte qu'il avait eu l'occasion, à Batavia, d'observer…

> « … quelques individus de cette espèce marchant debout sur leurs pieds, & entr'autres une femelle qui sembloit avoir de la pudeur, qui se couvroit de la main à l'aspect des hommes qu'elle ne connoissoit pas, qui pleuroit, qui gémissoit & faisoit les autres actions humaines, de manière qu'il sembloit que rien ne lui manquât que la parole. »

D'autres témoignages de voyageurs du XVIIe siècle confirment ces récits, en particulier, pour l'Afrique, ceux de Noël Natalis, recueillis et rapportés par Peiresc (25) :

> « On trouve en Guinée de grands singes appelés barris, qui marchent sur deux pieds, qui ont plus de gravité & beaucoup plus d'intelligence que tous les autres singes, & qui sont très-ardents pour les femmes. »

Froger (54), en 1698, assure que :

> « Les negres les craignent, & ils ne peuvent aller seuls dans la campagne sans courir risque d'estre attaquez de ces Animaux, qui leur présentent un bâton, & les obligent à se battre. J'ay entendu dire aux Portugais, que souvent ils avoient vû porter sur les arbres de petites filles de sept à huit ans, & qu'on avoit une peine incroyable à les leur oster. La plûpart des Negres croyent que c'est une Nation étrangere, qui s'est venuë peupler dans leur Païs, & qu'ils ne parlent point de peur de travailler. »

Pour la Côte d'Or (Ghana), Bosman (53), en 1705, écrit que :

> « Ces singes ont une assez vilaine figure, aussi-bien que ceux d'une seconde espèce qui leur ressemble en tout, si ce n'est que quatre de ceux-ci seroient à peine plus gros qu'un de la première espèce [...] On peut leur apprendre presque tout ce que l'on veut... »

Pour ce qui concerne l'Asie du sud-est (îles de la Sonde), Gautier Schouten (41), après son voyage réalisé entre 1658 et 1665, écrit :

> « les singes appelés par les Indiens orang-outangs, sont presque de la même figure & de la même grandeur que les hommes, mais ils ont le dos & les reins tous couverts de poils, sans en avoir néanmoins au-devant du corps ; les femelles ont deux grosses mamelles, tous ont le visage rude, le nez plat, même enfoncé, les oreilles comme les hommes ; ils sont robustes, agiles, hardis, ils se mettent en défense contre les hommes armés, ils sont passionnés pour les femmes ; il n'y a point de sureté pour elles à passer dans les bois, où elles se trouvent tout d'un coup attaquées & violées par ces singes... »

François Leguat (40), huguenot français parti en 1690 dans les îles Mascareignes, puis à Java, donne une description assez précise d'un orang-outang qu'il avait pu observer :

> « Pendant que je suis sur l'article des animaux de Java, je dirai quelque chose d'un Singe extraordinaire que j'y ai souvent vû (sur la pointe du Bastion qu'on appelle le Saphir, où il avait une petite maisonnette) c'était

une femelle. Elle étoit de grande taille, & marchoit souvent fort droit, sur ses pieds de derrière. Alors elle cachoit d'une de ses mains, qui n'étoit velue ni dessus ni dedans, l'endroit de son corps, qui distingue son sexe. Elle avoit le visage sans autre poil que celui des sourcils, & elle ressembloit assez en général à ces faces grotesques des femmes Hottentotes que j'ai vûes au Cap. Elle faisoit tous les jours proprement son lit, s'y couchoit, la tête sur un oreiller, & se couvroit d'une couverture, de la même manière que les hommes. Quand elle avoit mal à la tête, elle se serroit d'un mouchoir, & c'étoit un plaisir de la voir ainsi coifée dans son lit. Je pourrois en raconter diverses autres petites choses qui paroissent extrémement singulières ; mais j'avoüe que je ne pouvois pas admirer cela autant que le faisoit la multitude, ni en tirer les mêmes conséquences, parce que comme je n'ignorois pas le dessein, qu'on avoit de porter cet animal en Europe pour le faire voir, j'avois beaucoup de penchant à supposer qu'on l'avoit dressé à la plûpart des singeries que le peuple regardoit comme lui étant naturelles : à la vérité, c'étoit une supposition. Il mourut à la hauteur du Cap (j'entens celui de Bonne-Esperance) dans un des Vaisseaux de la Flotte sur laquelle j'étois. Il est certain que la figure de ce Singe ressembloit beaucoup à celle de l'homme. Les uns disoient que c'étoit une espece particulière, qui ne se trouve que dans l'Isle de Java. Mais il y avoit peu de gens de ce sentiment, & l'opinion commune étoit que cette bête étoit née d'un Singe & d'une femme. Quand quelque miserable fille Esclave a fait une grande faute, & qu'elle a beaucoup lieu d'appehender quelqu'un des châtimens severes qu'on a accoûtumé d'infliger en pareil cas, à ces sortes de gens-là ; il arrive souvent qu'elle s'enfuit comme une bête effrayée, au milieu des bois, & qu'elle y vit à-peu-près de la même manière. Et la Nature qui ne s'oppose pas au mélange des Chevaux et des Anes, peut bien souffrir aussi celui d'un Singe avec un animal femelle qui lui ressemble, quand celui-ci n'est retenu par aucun Principe. Un Singe & une Esclave de Négritie, née, & nourrie sans conoissance de Dieu, n'ont guéres moins de rapport entre eux, qu'il y en a entre un Baudet & une Cavalle. »

Les récits sont assez unanimes, mais les divers auteurs se sont vraisemblablement inspirés les uns des autres afin de rendre leurs récits plus conformes aux conceptions de leur époque. Ce n'est qu'en 1641 que le premier anthropoïde arriva en Europe. Il s'agissait d'un jeune orang-outang offert à Frédéric-Henri, prince d'Orange-Nassau. L'animal ne survécut que quelques mois en Hollande où le célèbre médecin Tulp (28) put en étudier le comportement :

« ... la jeune femelle boit au bock, s'essuie les lèvres avec délicatesse et dort en s'enveloppant d'une couverture. »

La publication du portrait, cette fois-ci très ressemblant, et qui montre nettement la position ambiguë de cet animal entre la bête et l'Homme, suscita un énorme intérêt en Europe.

Orang-outang dans la mâture d'un bateau (*Singes et Singeries*, H Coupin).

Un demi-siècle plus tard, en 1698, un chimpanzé vivant arriva en Europe ; c'était vraisemblablement le premier de son espèce à survivre après un tel voyage. Il fut observé par le célèbre anatomiste anglais

Tyson (45), qui le disséqua ensuite car, blessé au cours de son transport, l'animal mourut peu après son arrivée à Londres. Tyson en fit une description très précise, accompagnée de figures et de planches anatomiques réalisées par William Cowper (52). Dans son article, Tyson appelait cet animal à la fois *Orang-outang*, *Homo sylvestris* et *Pygmée*. La proximité anatomique du chimpanzé et de l'Homme semblait gênante, et Tyson énuméra d'une part les caractères qui l'en rapprochaient et d'autre part ceux qui l'en éloignaient. Il qualifia son *Homo sylvestris* de « quadrumane », pour bien le séparer de l'Homme, mais aussi « d'anthropoïde », pour le distinguer des autres singes.

La confusion qui était faite entre le chimpanzé et l'orang-outang, souvent appelés tous deux troglodyte par les scientifiques, persista jusqu'au début du XIXe siècle. Puis, grâce à l'arrivée de nouveaux spécimens de collection provenant d'Afrique et d'Asie, l'identité de chacune de ces deux espèces fut reconnue. Les gibbons et les siamangs, autres anthropoïdes asiatiques, étaient suffisamment reconnaissables pour être considérés, dès leur découverte, comme des espèces à part entière.

Ce n'est qu'en 1847 que la preuve de l'existence du gorille fut apportée par les naturalistes américains Savage (101) et Wyman (107), et l'Anglais Owen (100), qui venaient d'étudier un crâne provenant du Gabon. Ils baptisèrent l'animal *Troglodytes gorilla*, en référence au récit des Carthaginois sur le peuple des *gorillas*. Ce fut donc 233 ans après la publication des premiers témoignages de Battle, sur le *Mpungu*, que l'existence du plus grand des Primates vivants fut confirmée. Quant au bonobo, longtemps confondu avec le chimpanzé, il fut décrit par Schwartz en 1928 à partir d'un crâne redécouvert dans les collections du musée belge de Tervuren.

Durant la première moitié du XIXe siècle, l'exploration géographique et zoologique du monde avait fait d'énormes progrès si bien que la vision que l'on avait des Primates avait beaucoup changé. Voici ce qu'en disait Orbigny (103) en 1848 :

> « On connait un grand nombre d'espèces dans la famille naturelle des Singes, et toutes sont intéressantes, quel que soit le point de vue sous lequel on les étudie. La pétulance des uns, la lenteur réfléchie de quelques autres, la variété, la mobilité, la finesse des instincts chez toutes, la forme de leur corps, toujours plus ou moins analogue à la nôtre aussi bien que leur physionomie, et parfois même leur démarche, tout, dans ces

singuliers animaux, appelle et retient l'attention de l'observateur. C'est à cause des mêmes particularités que les Singes excitent dans toutes les classes de la société et chez tous les peuples un égal sentiment de curiosité. En effet, il est aisé de reconnaître en eux un acheminement de moins en moins imparfait de l'animalité vers le genre humain. Dès que l'on a quitté le groupe naturel des Makis ou Lémuriens, l'étude ascensionnelle du règne animal montre les Ouistitis, dont l'organisation, les mœurs, et surtout le faciès, sont, pour ainsi dire, un mélange de ceux des Rongeurs et des Primates eux-mêmes ; puis les Sagouins et les Sapajous, américains, de même que les Ouistitis ; les Cynocéphales, les Macaques viennent ensuite ; puis les Guenons et les Semnopithèques, espèces de l'Inde et de l'Afrique, qui méritent bien mieux la dénomination de Singes que les Ouistitis ; aussi, quoique ces animaux soient d'espèces et même de genres fort divers, les personnes les moins familiarisées avec les méthodes des naturalistes leur donnent-elles indistinctement à tous le nom de Singes. Au contraire, on hésite, pour ainsi dire, lorsqu'il s'agit des espèces les plus rapprochées de nous par leur organisation. Pour celles-ci, la dénomination de Singes ne paraît plus suffisante, et celle d'homme cependant ne peut encore être appliquée. Ces Singes supérieurs aux autres ont même été classés par les nomenclateurs du dernier siècle dans le même genre que l'homme lui-même. On se contente aujourd'hui de les nommer singes anthropomorphes pour exprimer qu'ils sont plus semblables à notre espèce que tous ceux que nous avons déjà cités ; ce sont les Gibbons et surtout le Chimpanzé et l'Orang-Outang. »

Le comportement des Primates

Les Européens n'observèrent d'abord le comportement des Primates qu'à partir d'individus captifs, le plus souvent pris jeunes et élevés comme animaux de compagnie. Tous les témoignages indiquent qu'un commerce s'instaura très tôt entre les populations indigènes des régions tropicales et les matelots et voyageurs qui tentaient de rapporter des singes vivants en Europe. Mais, arrivés à destination, presque tous ces animaux mouraient assez rapidement de maladies (souvent la tuberculose), ou de froid pendant l'hiver, même quand on les habillait. En outre, leur nourriture n'était pas toujours appropriée, en particulier les alcools qu'on leur faisait boire pour amuser le public. Les descriptions proviennent donc le plus souvent d'observations faites dans les pays chauds ou à bord des vaisseaux ramenant ces animaux vers l'Europe. Par exemple, le jésuite mathématicien Louis le Conte (47), revenant de Chine, décrit en 1697 avec beaucoup de précisions le comportement de l'orang-outang :

> « Pour moy, en passant de la Chine à la côte de Coromandel, je vis dans le détroit de Malaque, une espece de grand Singe : qui me rendoit assez croyable, ce que je viens de raconter de 'l'homme Sauvage'. Celuy-là marche naturellement sur ses deux pieds de derriere, qu'ils plie tant soit peu, comme fait un chien à qui l'on a appris à danser. Il se sert comme nous des deux bras ; son visage est presqu'aussi formé que celui des sauvages du Cap de Bonne-Esperance ; mais le corps est tout couvert d'une laine blanche, noire ou grise : du reste il a le cri parfaitement semblable à celuy d'un enfant ; toute l'action extérieure si humaine & les passions si vives & si marquées, que les muets ne peuvent guere mieux exprimer leurs sentimens & leurs volontez. Ils paroîssent sur tout d'un naturel fort tendre ; & pour témoigner leur affection aux personnes qu'ils connoîssent & qu'ils aiment, ils les embrassent & les baisent avec des transports qui surprennent. Ils ont encore un mouvement qui ne se trouve en aucune beste, & qui est fort commun aux enfans ; c'est de trépigner de joye ou de dépit quand on leur donne ou qu'on leur refuse ce qu'ils souhaitent avec beaucoup de passion.
>
> Quoy-qu'ils soient fort grands (car ceux que j'ay vûs avoient au moins quatre pieds de haut) leur legereté & leur adresse est incroyable, c'est un plaisir qui va jusqu'à l'admiration, que de les voir courir dans les cordages d'un vaisseau, où ils joüent quelquefois, comme s'ils s'étoient fait un art particulier de voltiger ; ou qu'ils eussent esté payez, comme nos danseurs de corde pour divertir la compagnie.
>
> Tantost suspendus par un bras, ils se balancent quelque temps avec nonchalance pour s'éprouver, & tournent ensuite tout à coup avec rapidité autour de la corde, comme une roüe ou une fronde qu'on a mise en mouvement ; tantost prenant la corde successivement avec les doigts qu'ils ont très-longs, & laissant tomber tout leur corps en l'air, ils courent de toute leur force d'un bout à l'autre, & reviennent avec la même vîtesse. Il n'est sorte de figure qu'ils ne prennent, ni de mouvement qu'ils se donnent ; se courbant en arc, se roulant comme une boule, s'accrochant des mains, des pieds, & des dents, selon differentes singeries, que leur bizarre imagination leur fournit, & qu'ils font de la manière du monde la plus divertissante : mais leur legereté à s'élancer d'un cordage à un autre, à trente & à cinquante pieds de distance, paroît encore plus surprenante.
>
> Aussi pour en avoir plus souvent le plaisir, nous les faisions suivre par cinq ou six petits Mousses ou Matelots formez à cette sorte d'exercice, & accoutumez eux-mêmes à courir dans les cordages. Alors nos Singes, pour les éviter, faisoient des sauts si prodigieux, & glissoient avec tant

d'adresse le long des mats, des vergues & des plus petits manœuvres, qu'ils sembloient plûtost voler que courir ; tant leur agilité surpassoit tout ce que nous remarquons dans les autres animaux. »

En 1740, probablement pour la première fois, un chimpanzé était montré en foire à Paris. Le récit d'Arnaud de Nobleville (59) révèle à quel point ces animaux souffraient pendant leur voyage, et comment, une fois arrivés en Europe, ils étaient maltraités :

« En 1740, nous avons eu nous-mêmes le plaisir de voir à la Foire Saint Laurent à Paris, un de ces prétendus hommes sauvages, que ceux qui le montroient appelloient Kimpezé ou Quimpensée, mot qui nous paroît être estropié de l'Anglois Champaniz selon M. l'Abbé Prévost, ou Chimpanrée, selon M. Klein, ils ajoutoient qu'il avoit alors quatorze ans, & qu'il avoit pensé périr sur Mer avec deux autres de même âge qui étoient morts du scorbut, maladie qui avoit fait tomber toutes les dents à celui qui étoit resté. Etant assis, il sembloit être de la taille d'un enfant de six ans, mais plus quarré. Il avoit la face platte, sans nez, ressemblant assez à une vieille femme ridée & sans dents. Il étoit presque tout nud, son corps n'étant couvert que d'une espèce de poil follet chatain brun. Il étoit volontiers de bout : mais ce qui nous frappa le plus, c'est qu'il donna en notre présence des signes de pudeur. Quand on nous eut dit que c'étoit un mâle, un particulier s'avisa de toucher pour s'assurer par lui-même de son sexe ; mais sur le champ l'Animal lui appliqua un bon soufflet, en quoi il n'avoit pas tort. Cependant comme il appréhendoit d'être châtié par son maître qui étoit un peu brutal, il se mit à joindre les mains, criant & pleurant à peu près dans la même posture qu'un enfant qui demande pardon. Cette posture de suppliant & les représentations des assistans, ne purent empêcher le maître de le battre rudement [...] Il avoit le ventre grand, dur & tendu, comme l'ont les enfans qui ont ce qu'on appelle vulgairement le careau : aussi n'a-t-il pas vécu long temps après. Au reste, quoique l'homme des bois semble tenir une espèce de milieu entre la brute & l'homme, & qu'on le voye rire, pleurer, & donner plusieurs autres marques de sa supériorité sur les autres Animaux, c'est toujours un Singe. »

Buffon (65), qui examina ce même animal (il le dénommait orang-outang), en donne plus de précisions, en particulier sur ses capacités intellectuelles :

« L'orang-outang que j'ai vu marchoit toujours debout sur ses deux pieds, même en portant des choses lourdes ; son air étoit assez triste, sa démarche grave, ses mouvements mesurés, son naturel doux & très-différent de celui des autres singes : il n'avoit ni l'impatience du magot, ni la méchanceté du babouin, ni l'extravagance des guenons : il avoit été, dira-t-on, instruit & bien appris, mais les autres que je viens de citer & que je lui compare, avoient eu de même leur éducation : le signe & la parole suffisoient pour faire agir notre orang-outang, il falloit le bâton pour le babouin, & le fouet pour tous les autres qui n'obéissent guère qu'à la force des coups. J'ai vu cet animal présenter sa main pour reconduire les gens qui venoient le visiter, se promener gravement avec eux & comme de compagnie ; je l'ai vu s'asseoir à table, déployer sa serviette, s'en essuyer les lèvres, se servir de la cuiller & de la fourchette pour porter à sa bouche, se verser lui-même sa boisson dans un verre, le choquer, lorsqu'il y étoit invité, aller prendre une tasse & une soucoupe, l'apporter sur la table, y mettre du sucre, y verser du thé, le laisser refroidir pour le boire, & tout cela sans autre instigation que les signes ou la parole de son maître, & souvent de lui-même. Il ne faisoit du mal à personne, s'approchoit même avec circonspection, & se présentoit comme pour demander des caresses ; il aimoit prodigieusement les bonbons, tout le monde lui en donnoit ; & comme il avoit une toux fréquente & la poitrine attaquée, cette grande quantité de choses sucrées contribua sans doute à abréger sa vie : il ne vécut à Paris qu'un été, & mourut l'hiver suivant à Londres. »

Buffon met nettement en parallèle les performances comportementales de ce chimpanzé avec le rang qu'il occupe dans la hiérarchie animale, le comparant aux autres singes de « rang inférieur » :

« Dans l'homme, la physionomie trompe, & la figure du corps ne décide pas de la forme de l'ame ; mais dans les animaux, on peut juger du naturel par la mine, & de tout l'intérieur par ce qui paroit au dehors ; par exemple, en jetant les yeux sur nos Singes (*anthropoïdes*) & nos Babouins, il est aisé de voir que ceux-ci doivent être plus sauvages, plus méchans que les autres ; il y a les mêmes différences, les mêmes nuances dans les mœurs que dans les figures. L'orang-outang (*ici un chimpanzé*) qui ressemble le plus à l'homme, est le plus intelligent, le plus grave, le plus docile de tous ; le magot, qui commence à s'éloigner de la forme humaine, & qui s'approche par le museau & les dents canines de celles des animaux, est brusque, désobéissant & maussade ; & les babouins, qui ne ressemblent plus à l'homme que par les mains, & qui ont une queue, des ongles aigus, de gros museaux, &c. ont l'air de bêtes féroces, & le sont en effet ; j'ai vu vivant celui dont nous donnons ici la figure (*un babouin*), il n'étoit point hideux, & cependant il faisoit horreur : grinçant continuellement des dents, s'agitant, se débattant avec colère ; on étoit obligé de le tenir enfermé dans une cage de fer, dont il remuoit si puissamment les barreaux avec ses mains qu'il inspiroit de la crainte aux spectateurs [...] il est si puissant & si fort qu'il viendroit aisément à bout de un ou plusieurs hommes, s'ils n'étoient point armés... »

Et Buffon d'expliquer plus loin, pour les singes en général :

« L'excès de chaleur qui est nécessaire à la pleine vie de cet animal rend excessives toutes ses affections, toutes ses qualités : & il ne faut pas chercher une autre cause à sa pétulance, à sa lubricité & à ses passions, qui toutes nous paroissent aussi violentes que désordonnées.

Ainsi ce singe, que les Philosophes, avec le vulgaire, ont regardé comme un être difficile à définir, dont la nature étoit au moins équivoque & moyenne entre celle de l'homme & celle des animaux, n'est dans la vérité qu'un pur animal, portant à l'extérieur un masque de figure humaine, mais dénué à l'intérieur de la pensée & de tout ce qui fait l'homme [...] Par exemple, la langue & tous les organes de la voix sont les mêmes que dans l'homme, & cependant l'orang-outang ne parle pas ; le cerveau est absolument de la même forme & de la même proportion, & il ne pense pas : y a-t-il une preuve plus évidente que la matière seule, quoique parfaitement organisée, ne peut produire ni la pensée ni la parole qui en est le signe, à moins qu'elle ne soit animée par un principe supérieur ! »

Ce n'est qu'assez récemment, dans la seconde moitié du XXe siècle, avec le développement de l'éthologie, que l'on a compris comment la sexualité s'intégrait dans les comportements sociaux des Primates. Par exemple, maintenant que le système social des bonobos est mieux connu, on s'émerveille sur ces animaux qui utilisent toutes sortes d'actes sexuels pour réguler leurs conflits sociaux, alors que les autres espèces ont tendance à privilégier la force et l'agression ! On est bien loin des écrits de nos anciens qui se scandalisaient à la vue des singes à la sexualité débridée, ostensiblement exhibée. Ces comportements ne pouvaient être compris que comme « démoniaques », les singes n'étant que des « caricatures de l'Homme ». On considérait que, seule, une éducation rigoureuse et sévère pouvait les corriger (conception d'ailleurs longtemps appliquée à l'éducation des enfants). La lubricité n'était pas le seul vice que l'on reprochait à ces animaux et l'abbé Sauri (67) écrivait en 1779, dans son traité de Zoologie :

« Ces animaux sont très-enclins à voler, à déchirer, à casser : lorsqu'on les bat, ils ont l'art de soupirer, de gémir, de pleurer & de pousser, suivant les circonstances, des cris d'épouvante, de colere, de dérision & de douleur ; ils font quelquefois des grimaces & des postures si ridicules ; qu'un mélancolique même auroit bien de la peine à s'empêcher de rire. »

M'Balou, femelle chimpanzé rapportée au Muséum de Paris en 1896. Ici faisant le ménage (*Singes et Singeries*, H Coupin).

Mais quand Buffon évoque la sexualité du babouin, animal particulièrement démonstratif, il souligne à quel point certains primates peuvent être « dépravés » :

« Ce Babouin est d'une laideur désagréable & dégoutante ; indépendamment de son nez tout plat ou plutôt de deux naseaux dont découle continuellement une morve qu'il recueille avec la langue [...] Il paroit continuellement excité par cette passion, qui rend furieux les animaux les plus doux ; il est insolemment lubrique, & affecte de se montrer dans cet état, de se toucher, de se satisfaire seul aux yeux de tout le monde ; & cette action, l'une des plus honteuses de l'humanité & qu'aucun animal ne se permet, copiée par la main du babouin, rappelle l'idée du vice & rend abominable l'aspect de cette bête que la Nature paroit avoir particulièrement vouée à cette espèce d'impudence ; car dans tous les autres animaux, & même dans l'homme, elles sont tout-à-fait nues & d'autant plus évidentes que le corps est couvert de longs poils ; il a de même les fesses nues & d'un rouge couleur de sang, les bourses pendantes, l'anus découvert, la queue toujours levée ; il semble faire parade de toutes ces nudités, présentant son derrière plus souvent que sa tête, sur-tout dès qu'il aperçoit des femmes pour lesquelles il déploie une telle effronterie, qu'elle ne peut naître que du desir le plus immodéré. Le magot & quelques autres ont bien les mêmes inclinations ; mais comme ils sont plus petits & moins pétulans, on les rend modestes à coup de fouet, au lieu que le babouin est non-seulement incorrigible sur cela, mais intraitable à tous autres égards. »

On sait maintenant que des animaux élevés très jeunes au contact de l'Homme considèrent notre espèce comme faisant partie de leur propre espèce (phénomène d'imprégnation). Aussi dirigent-ils vers nous nombre de leurs comportements sociaux et sexuels dont les fondements sont génétiquement déterminés. Mais, tout comme un jeune singe vivant au contact de l'Homme s'identifie à ce dernier, les humains ont très longtemps interprété les comportements des Primates au travers de leur propre morale et de leurs propres codes de conduite. Les scientifiques des XVIIIe et XIXe siècles ne comprenaient donc pas qu'un babouin montrant son derrière, plutôt que sa tête, voulait signifier qu'il était soumis, alors que l'inverse aurait indiqué la volonté de dominer ! Plus le pauvre animal exprimait sa soumission, plus il montrait son derrière, et plus il était puni et fouetté !

Les mimiques faciales des Primates, qui traduisent les différentes nuances de leurs états émotionnels, associées à des vocalisations tout aussi nuancées, étaient interprétées comme des grimaces révélatrices de comportements ridicules, désordonnés et risibles. C'est ainsi que ces êtres, considérés comme « imparfaits », étaient méprisés et dépréciés, d'autant plus que la plupart d'entre eux, au cours de leur dressage, avaient des difficultés à marcher bien droit sur leurs membres postérieurs (la marche bipède était considérée comme un succès du dressage). Il fallait appliquer le fouet pour les contraindre à cela, et le naturaliste espagnol Azara (80) raconte, en 1802, qu'il fallait attacher les mains des capucins (*cebus*) pour qu'ils marchent debout. Cette mauvaise réputation des singes est ainsi résumée par Labat (50) en 1722 :

> « Ce que les singes ont tous du commun, c'est qu'ils sont tous allertes, remuans, ennemis du repos, malfaisans, malicieux, volages, & que quelque soin qu'on prenne de les élever & de les instruire, il faut toûjours avoir le foüet à la main, si on veut réprimer les saillies de leur mauvais naturel. »

Consul, chimpanzé qui fut produit dans les music-halls parisiens en 1904, avec un énorme succès. Il mourut quatre ans plus tard à Berlin, à l'âge de neuf ans (*Singes et Singeries*, H Coupin).

Les Primates dans la nature

C'est probablement en allant chasser dans les forêts tropicales que les Occidentaux observèrent pour la première fois des singes évoluant dans leurs milieux naturels. La mauvaise réputation de ces animaux ne pouvait qu'encourager leur destruction, d'autant plus que, dans la plupart des pays où ils vivent, ces animaux représentent un gibier apprécié des populations locales. Voici par exemple comment le voyageur Delteil (113) décrivait, en 1886, dans un livre destiné à un large public, les singes qu'il avait rencontrés lors d'une expédition menée dans les forêts de Guyane française :

> « Nous rencontrons chemin faisant, des macaques (*capucins du genre Cebus*), gambadant au dessus de notre tête et nous envoyant toutes les grimaces de leur répertoire ; un coup de fusil mit tous ces mauvais farceurs en fuite et l'un d'eux resta sur le champ de bataille... »

Et plus loin, à propos du singe hurleur dont un individu venait d'être abattu :

> « Ces animaux ne sont pas naturellement beaux quand la vie anime leur figure grimaçante et hérissée de poils rouges... mais après cette mort violente, le masque de l'animal avait pris une expression si hideuse que j'en fus presque glacé d'horreur : il me semblait voir le cadavre d'un de mes semblables... »

A peu près à la même époque, le célèbre explorateur franco-américain Paul Belloni du Chaillu (111), raconte ses chasses au gorille dans les régions du Gabon et du Moyen-Congo. Ici, le récit prend une tournure plus dramatique :

> « Pendant que nous rampions au milieu d'un silence tel que notre respiration en sortait bruyante, la forêt retentit du terrible cri du gorille.
> Puis les broussailles s'écartèrent des deux côtés et, soudain, nous fûmes en présence d'un énorme gorille mâle. Il avait traversé le fourré à quatre pattes ; mais quand il nous aperçut il se redressa de toute sa hauteur, et nous regarda hardiment en face. Il se trouvait à une quinzaine de pas de nous. C'est une apparition que je n'oublierai jamais. Il paraissait avoir six pieds ; son corps était immense, sa poitrine monstrueuse, ses bras d'une incroyable énergie musculaire. Ses grands yeux gris et enfoncés brillaient d'un éclat sauvage, et sa face avait une expression diabolique. Tel apparut devant nous ce roi des forêts d'Afrique.

Notre vue ne l'effraya pas. Il se tenait là, à la même place, et se battait la poitrine avec ses poings démesurés qui la faisaient résonner comme un immense tambour. C'est leur manière de défier leurs ennemis. En même temps il poussait rugissement sur rugissement.

Le rugissement du gorille est le son le plus étrange et le plus effrayant qu'on puisse entendre dans ces forêts. [...] Ses yeux s'allumaient d'une flamme plus ardente pendant que nous restions immobiles, sur la défensive. [...] Il s'avança de quelques pas, puis s'arrêta pour pousser son épouvantable rugissement ; il avança encore et s'arrêta de nouveau à dix pas de nous, et comme il commençait à rugir en se battant la poitrine avec fureur, nous fîmes feu et le tuâmes.

Le râle qu'il fit entendre tenait à la fois de l'homme et de la bête. Il tomba la face contre terre. Le corps trembla convulsivement pendant quelques minutes, les membres s'agitèrent avec effort, puis tout devint immobile : la mort avait fait son œuvre. »

La chasse au gorille est d'ailleurs décrite de façon très particulière dans le *Dictionnaire Général des Sciences Techniques et Appliquées* (123), en 1870 :

« Quand le mâle est rencontré le premier, il pousse un hurlement terrible qui résonne au loin dans la forêt… Les femelles et les jeunes disparaissent promptement au premier cri ; alors il s'approche de son ennemi dans un état de grande fureur, et répétant avec rapidité ses cris terribles. Le chasseur attend son approche en tenant son fusil en joue ; s'il n'est pas sûr de son coup, il laisse l'animal empoigner le canon, et, au moment où il le porte à la bouche (comme c'est son habitude), il fait feu ; si le coup ne part pas, le canon est brisé entre les dents de l'animal, et la rencontre devient fatale au malheureux chasseur. »

Capture d'un jeune gorille d'environ trois ans, en 1860. Sa mère venait d'être tuée et le pauvre animal mourut quelques jours plus tard (récit de du Chaillu dans *Singes et Singeries*, H Coupin).

Déprédations exercées par les singes

En dehors de la chasse, on s'intéressait également aux déprédations exercées par les singes vivant à proximité des cultures. Le jésuite espagnol Joseph Gumilla (56) qui, durant la première moitié du XVIIIe siècle, avait vécu 35 ans au Venezuela dans la région de l'Orénoque, rapporte comment les singes, vraisemblablement des capucins, venaient piller les plantations des Amérindiens :

> « On ne sçauroit croire le dommage que ces animaux leur causent, non plus que la malice avec laquelle ils se conduisent. S'ils s'apperçoivent du haut des arbres où ils sont qu'on fasse sentinelle, pas un ne s'avise de descendre dans les semailles. Ils s'approchent & s'en retournent avec tant de silence, qu'à moins que de les voir il est impossible de les découvrir, d'autant plus qu'ils font ailleurs un tintamarre horrible, mais pas un ne soufle lorsqu'il est question de voler. Ils viennent reconnoître à différentes reprises si l'on garde le Maiz, & lorsqu'ils sont surs qu'il n'y a personne, il en reste un sur la cime de l'arbre pour découvrir s'il ne vient point d'Indien, tous les autres descendent, & chacun emporte cinq épis de Maiz, un dans la bouche, deux sous les bras, & un à chaque main, & se dressant sur leurs pieds, ils s'enfuient comme un éclair, & courent se cacher dans le bois. Si dans le tems qu'ils dérobent ces épis, l'Indien sort de sa cabane, ou paroit dans le champ, le singe qui fait le guet sur l'arbre se met à crier, & tous les autres s'enfuyent avec ce qu'ils on put prendre ; mais un grand nombre de ceux qui étoient déjà chargés de leurs épis périt dans ces occasions, parce qu'ils sont si obstinés à ne point lâcher ce qu'ils ont pris, qu'ils se laissent tuer plûtôt que de s'en désaisir. Les Indiens les poursuivent à coups de bâtons, & pour lors ceux qui n'emportent qu'un ou deux épis, ayant les pieds & les mains libres, grimpent sur les arbres, & se sauvent, au lieu que ceux qui sont bien chargés, ne pouvant s'enfuir qu'en sautant les deux pieds joints, périssent sous le bâton, les Indiens courant plus vîte qu'eux ; & comme ceux-ci en sont fort friands, ils se dédommagent par là du tort qu'ils leur font. »

Les détails rapportés par le père Gumilla, en particulier la façon dont les singes, empêtrés par leur charge, se laissent si aisément capturer par les cultivateurs, montre bien qu'il n'a pas directement assisté à ces scènes et qu'il ne fait que rapporter des récits déjà enjolivés. Un autre auteur, l'abbé Sauri (67), décrit dans son précis de zoologie, en 1779, comment, en Asie, les singes pillent les plantations de melons :

> « Quelquefois ils dévastent une melonniere considérable en fort peu de temps : une partie d'entr'eux entre dans le jardin, se range en haie à une médiocre distance les uns des autres ; ils se jettent de main en main les melons, que chacun reçoit adroitement, & avec une grande rapidité. La ligne qu'ils forment, se termine ordinairement sur quelque montagne ; & tout cela se fait dans un profond silence. »

Ici encore, l'auteur rapporte des récits qu'il a dû entendre. La description d'une chaîne formée par les singes est purement imaginaire. Un peu plus loin, l'auteur décrit l'organisation sociale de ces animaux, comme s'il s'agissait d'une société humaine. Sans doute, l'observation des sous-groupes de macaques, chacun dominé par un mâle dominant, bien plus gros que les femelles, a-t-elle évoqué cette structure sociale quasi militaire !

> « Lorsqu'ils dorment, travaillent ou maraudent, il y a toujours des sentinelles sur quelque arbre, ou sur quelque lieu élevé : lorsqu'ils s'apperçoivent de quelque danger, ils font un cri particulier, qui sert de signal ; alors toute la troupe fuit avec une vitesse étonnante : les jeunes montent sur le dos des plus vieux, & s'y tiennent d'une manière fort plaisante […] On prétend même qu'ils punissent de mort les sentinelles qui n'ont pas fait leur devoir […] Ils forment, dit-on, des républiques, où la subordination est fort bien observée ; ils voyagent en fort bon ordre sous certains chefs, qui sont de plus grosse espèce ; l'arrière garde est toujours composée d'un nombre des plus gros singes, entre lesquels, quand ils parlent leur langage, il y en a dont la voix forte prend au besoin le dessus, & réduit les autres au silence. »

Déprédations exercées par des singes (*Singes et Singeries*, H Coupin).

Vocalisations et « langage » des singes

De la même façon que l'on imaginait les singes imiter l'Homme dans ses comportements sociaux, on pensait que leurs vocalisations correspondaient à un langage analogue au nôtre, mais impossible à comprendre. Les Primates ont bien un langage, comme la plupart des animaux, mais il s'agit d'un mode de communication essentiellement destiné à transmettre l'état émotionnel d'un individu aux autres membres de son groupe. En réponse à ces signaux, les partenaires expriment à leur tour leur propre état émotionnel. Cette communication est essentiellement fondée sur des signaux visuels et acoustiques : mimiques faciales, postures corporelles et vocalisations. Les signaux vocaux sont assez nombreux, de l'ordre de 10 à 20 selon les espèces, mais chacun d'entre eux peut être exprimé de façon graduée, traduisant d'une manière subtile les nuances des divers états psychologiques. Ainsi, chaque individu peut orienter son propre comportement en fonction de l'état émotionnel de ses voisins, tenant également compte de la position hiérarchie de chacun et de la situation du moment. Pour l'essentiel, ces modes de communication sont innés.

Il a été montré, chez certains cercopithèques d'Afrique, que le cri d'alarme différait selon que la source du danger provenait d'un oiseau de proie, d'un animal terrestre, ou d'un serpent. En outre, les alarmes émises par des jeunes individus provoquent peu de réactions, alors que celles émises par les individus expérimentés déclenchent toujours des réactions de fuite. Les Primates anthropoïdes, qui naturellement se comportent un peu comme les autres singes pour ce qui concerne leurs modes de communication, peuvent apprendre, en captivité, des langages non verbaux basés sur la manipulation de signes symboliques. Ils sont capables d'en reconnaître plusieurs centaines et de manier des concepts complexes comme « si », « et », « ou », « avec », etc. dans les phrases qu'ils composent pour communiquer avec l'expérimentateur.

La queue prenante

Quand il s'agit de traverser un petit bras d'eau, la plupart des espèces de Primates, à l'exception des anthropoïdes, le font en sautant, à condition que l'espace à franchir n'excède pas trois à cinq mètres. Généralement, ils sélectionnent dans la partie la plus étroite de la rivière une branche dominante d'où ils peuvent prendre facilement appui pour s'élancer. Dans certaines conditions favorables on peut assister au franchissement d'un petit chenal (ou d'une route, car ces animaux répugnent à descendre au sol) et voir chacun prendre son tour pour aller vers la branche la mieux placée, puis s'élancer. Certains auteurs, sans doute inspirés par des récits populaires, ont décrit un comportement complètement imaginaire de singes s'attachant les uns aux autres pour former une chaîne. Ces récits, repris d'auteur en auteur, apparaissent tout au long des XVIIe, XVIIIe et XIXe siècles, avec quelques variantes.

Père José d'Acosta (19), en 1590 :

> « Ils sautent où ils veulent s'entortillans la queue en une branche pour s'ebranler, & quand ils veulent sauter en un lieu esloigné, & qu'ils ne peuvent d'un saut y atteindre, ils usent alors d'une gentille façon qui est qu'ils s'attachent à la queue les uns des autres, & font par ce moyen comme une chaine de plusieurs, puis apres ils s'eslancent & se jettent autant, le premier estant aidé de la force des autres attein où il veut, & s'attache en un rameau, puis il aide & soustient tout le reste jusques à ce qu'ils soient tous parvenus attachez, comme j'ay dit, à la queue les uns des autres. »

Abbé Sauri (67), en 1779 :

> « S'il s'agit de passer une rivière, les sapajous s'assemblent en certain nombre, grimpent à un arbre, se prennent à la queue du premier, le troisième à celle du second, & ainsi de suite. Ils donnent beaucoup de mouvement et de branle à cette chaîne ; puis à un signal, ils s'élancent & se jettent en avant : le premier ou le dernier s'attache fortement à un tronc d'arbre de l'autre côté de la rivière, & attire les autres. »

Brumauld de Beauregard (82), en 1842 :

> « Rien n'est plus plaisant que de voir ces petits sapajous réunis : ils crient, sautent, se pendent aux branches et se balancent en faisant mille grimaces. Si l'un d'eux se laisse tomber, les autres, des branches à leurs pates, le battent et le punissent de cette chute. S'ils veulent passer une rivière ou un canal qui ne soit pas trop large, ils montent tous sur un arbre, et se tenant par la pate ou par la queue, ils forment une chaîne ; puis cette chaîne se balançant comme un pendule, le dernier s'accroche à une branche de l'autre bord, et quand la chaîne de singe y est fixée, c'est un pont sur lequel passe toute la troupe avec des cris de joie ; et quand tout est passé, le dernier lâche la branche, et les autres tirent la chaîne, dont les derniers tombent dans l'eau en faisant de grands cris. »

Représentation d'un groupe de singes atèles passant par dessus un bras d'eau en formant une chaîne. (*Singes et Singeries*, H Coupin).

La nage des singes

A l'exception des anthropoïdes, qui sont trop denses et trop lourds pour pouvoir nager (ils coulent), les autres Primates nagent très bien, et certains savent même plonger. Mais en général ils ne se laissent tomber dans l'eau que rarement, par exemple pour échapper à un danger aérien. Les grands fleuves tropicaux forment d'ailleurs souvent la frontière naturelle de l'aire de répartition de plusieurs espèces. Certains macaques japonais ont appris à se baigner en mer, et même à nager sous l'eau. D'autres, de la même espèce, peuvent s'immerger dans des sources chaudes pour se réchauffer pendant l'hiver. Rappelons, à propos de la queue des singes, que c'est seulement en Amérique que certaines espèces possèdent une queue prenante.

La longue queue prenante et les membres allongés du singe atèle lui ont valu le nom de « singe araignée » (*Singes et Singeries*, H Coupin).

L'utilisation des singes par l'Homme

Le magot d'Afrique du Nord était utilisé par les montreurs d'animaux, probablement depuis l'Antiquité, mais quelques jeunes babouins et cercopithèques étaient également acheminés par caravanes à partir des régions sahéliennes. Le magot, dont la queue est atrophiée, était particulièrement apprécié car il ressemble davantage à un petit homme, surtout quand on lui apprend à marcher debout sur ses pattes arrière. C'est d'ailleurs pour cette ressemblance que le célèbre médecin Galien, au IIe siècle, avait étudié l'anatomie interne du magot pour l'extrapoler à l'Homme, la dissection des cadavres humains étant interdite pendant l'Antiquité. Ainsi, durant tout le Moyen Age et jusqu'au début de la Renaissance, les rudiments d'anatomie humaine professés par le corps médical provenaient des observations faites par Galien, en grande partie sur des singes.

Ce n'est qu'au XXe siècle que les Primates ont été massivement utilisés en recherche médicale, principalement pour tester des médicaments ou des vaccins. Mais déjà, en 1698, le *Dictionnaire Universel des Drogues* de Nicolas Lemery (117), signalait à la rubrique Singe :

> « Cet animal est méchant, traître quand il n'a point été apprivoisé ; il se jette sur quelque partie du corps, & la mord assez fort pour en emporter la piéce : il contient beaucoup de sel volatil & d'huile. Vertus. Sa chair est astringente, on prétend que son cœur étant rôti & mangé, aiguise la mémoire. Sa graisse est résolutive & nervale. »

A propos des pierres trouvées dans l'estomac de certains singes (concrétions appelées *bézoards,* se formant parfois dans l'estomac des animaux herbivores), voici ce qu'en disait Arnaud de Nobleville (59) en 1757 :

> « Ces pierres sont estimées plus sudorifiques & plus alexipharmaques que tous les autres Bézoards : on s'en sert contre le venin, les maladies contagieuses, & contre la peste. La dose est depuis deux grains jusqu'à six. »

En 1779, l'abbé Sauri (67) indiquait dans son *Précis d'Histoire Naturelle* que l'on « recommandait la graisse de singe dans la rigidité des articulations ».

Plus prosaïque, le journaliste Jules Gros (104) signalait dans son ouvrage *Les Français en Guyane,* en 1887, à propos du *couata* (singe atèle) :

> « Sa chair constitue un excellent aliment, de beaucoup préférable à celle du singe rouge (*hurleur*) et du macaque (*cebus*). La graisse du couata, liquide à la température de la zone toride, est excellente pour graisser les fusils et pour faire la cuisine. »

Le même auteur, se risquant à des extrapolations physiologiques, poursuivait à propos du singe hurleur et de ses puissantes vocalisations :

> « Le singe hurleur a le cerveau petit relativement à la grosseur de son corps, et encore ses circonvolutions cérébrales sont-elles peu développées. Les disciples de Fourier ne manqueraient pas de tirer de là une analogie peu favorable aux musiciens en général et aux artistes lyriques en particulier […] Le couata ou singe noir (*singe atèle*) est beaucoup plus intelligent et plus habile que le singe hurleur. Il a le cerveau relativement volumineux et les circonvolutions cérébrales

nombreuses. Le docteur Crevaux a vu un couata de taille moyenne poursuivre un gros singe rouge (*hurleur*) qu'il frappait à coups de bâton. »

La recherche biomédicale a fait un tel usage des Primates au XXe siècle, que la dénomination d'un groupe sanguin humain (rhésus) provient du nom d'espèce d'un macaque asiatique, autrefois largement utilisé dans les laboratoires. Pour la seule mise au point du vaccin antipoliomyélitique, plusieurs dizaines de milliers de singes divers, dont un grand nombre de chimpanzés, ont été utilisés. Ce n'est que dans la dernière partie du XXe siècle que les divers comités d'éthique ont dû réglementer le commerce des singes et leur utilisation par les laboratoires. Ces précautions ont été prises, autant pour la protection des populations sauvages de Primates, dont certaines étaient menacées, que pour des raisons « humanitaires », mais aussi pour les risques de contamination par certains virus extrêmement dangereux pour l'Homme. Actuellement, près de 10 000 Primates sont utilisés chaque année en Europe, à la fois pour la recherche fondamentale et pour la recherche médicale. Cependant, l'utilisation des anthropoïdes en recherche biomédicale est interdite dans l'Union Européenne depuis 2010, et elle devient de plus en plus exceptionnelle dans d'autres pays, comme les Etats-Unis.

La capture des singes adultes est difficile, surtout en forêt, et le plus souvent, seuls les jeunes individus sont capturés après que leur mère a été tuée. Ce procédé permet de se procurer des animaux faciles à apprivoiser, plus aisément manipulables en comparaison des adultes pris dans la nature. Certains voyageurs ont décrit des techniques locales de capture dont certaines sont assez surprenantes :

Abbé Sauri (67), en 1779 :

> « D'autres fois on laisse près de leur domicile des boissons fortes & enivrantes, & dont on feint de boire devant eux : dès qu'on est retiré, ils viennent goûter ce breuvage, en criant 'chin-chin', & ils s'enivrent si bien qu'ils s'endorment ; alors les chasseurs les prennent aisément. »

Le naturaliste espagnol Azara (80) rapporte en 1802 :

> « Ce singe Caraya (*hurleur du Paraguay*) fait en juin (vers messidor), un petit que la mère porte sur le dos, et qui s'attache à son cou avec ses bras. Pour avoir celui-ci vivant, j'ai entendu pousser contre la mère de grands et

de continuels cris de ah ! ah ! fils de put… ; cris au bruit desquels la mère arrache son petit de son cou et le jette par terre. Ayant demandé le motif qui faisoit employer ces mots, l'on m'a répondu, que la mère repoussoit son petit parce qu'elle s'entendoit appeler put… ; ce qui n'arrivoit pas lorsqu'on employait d'autres paroles. On applique le même conte aux Singes, que je décris après celui-ci (*capucin*) ; néanmoins, il n'est pas douteux que la mère n'abandonne son petit que parce qu'elle est effrayée des éclats qu'elle entend, et que ce ne soit pour fuir avec plus de légèreté ; car, quel instinct lui feroit comprendre la signification de l'injure qu'on emploie, et qui n'en sauroit être une pour elle ! »

Systématique des Primates

Les Primates actuels comprennent 436 espèces distribuées dans 72 genres et 16 familles (on ne comptait qu'environ 300 espèces et 52 genres de Primates dans les années 1960). On découvre en effet régulièrement de nouvelles espèces : certaines occupent une aire de répartition restreinte, nouvellement inventoriée, et d'autres, les plus nombreuses, étaient jusqu'alors confondues avec d'autres espèces proches morphologiquement, mais distinctes génétiquement. Cependant, la validité d'un certain nombre de ces nouvelles « espèces génétiques » est encore débattue. Les familles les plus primitives (c'est-à-dire celles qui réunissent le plus grand nombre de caractères morphologiques ancestraux archaïques) sont réunies dans le sous-ordre des *STREPSIRHINI*, composés des lémuriens de Madagascar, avec 97 espèces (microcèbes, lémurs, propithèques, lépilémurs, avahis, aie-aie, etc.) et des lémuriens d'Afrique et d'Asie, avec 28 espèces (galagos, potto et arctocèbe en Afrique, loris et nycticèbes en Asie du sud-est). Les tarsiers (Tarsiformes) présentent également de nombreux caractères primitifs, mais d'autres traits les rapprochent davantage des Primates supérieurs auxquels on les rattache. Le second sous-ordre, *HAPLORHINI*, comprend les tarsiers (11 espèces), les singes du Nouveau Monde (142 espèces), et ceux de l'Ancien Monde (158 espèces). Les singes du Nouveau Monde comprennent d'une part le groupe des ouistitis et des tamarins (dont les ongles sont secondairement transformés en griffes) et d'autre part celui des capucins, hurleurs, atèles, saïmiris, ouacaris, cacajaos, etc., dont la plupart ont une queue prenante. Les singes de l'Ancien Monde comprennent l'immense groupe des *CERCOPITHECOIDEA* (singes à queue), avec les cercopithèques, macaques, babouins, mandrills, entelles, nasiques, etc., et les *HOMINOIDEA*, (Anthropoïdes et Hominidés), qui sont détaillés dans le dernier chapitre.

X.
Répartition des espèces animales dans les divers continents

Les voyageurs et les hommes de sciences ne tardèrent pas à se rendre compte que le continent sud-américain, comparé à l'Ancien Monde, présentait de grandes originalités quant à sa faune. Déjà, en 1590, le père José d'Acosta (19) écrivait :

> « Je trouve qu'il y a trois sortes d'animaux és Indes (*Indes Occidentales, donc l'Amérique*), dont les uns y ont esté portez d'Espagne, les autres sont de la même espece de ceux que nous avons en Europe, & toutefois n'y ont point esté portez par les Espagnols, & les autres sont animaux propres des Indes, & desquels l'on ne trouve point en Espagne. »

Pour les animaux de la seconde catégorie, c'est-à-dire ceux qui se trouvent naturellement de part et d'autre de l'Atlantique, d'Acosta reconnaissait qu'il existait quelques différences d'un continent à l'autre, en particulier pour les félins :

> « Les lyons (*pumas*) que j'ay veus ne sont rouges, & n'ont point ces crins (*crinière*), avec lesquels on a accoustumé de les peindre. Ils sont gris, & non pas si furieux comme on les voit en peinture. Les Indiens s'amassent, & s'assemblent, pour prendre & chasser les lyons, & font comme un circuit (*battue*), qu'ils appellent Chaco, dont ils les environnent, puis les tuent à coup de pierres, de bastons, & d'autres instruments ; Ces lyons mesme ont accoustumé de grimper aux arbres, où estans montez les Indiens les tuent avec des lances, ou arbalestes, & plus facilement avec des arquebuzes. Les tigres (*jaguars*) y sont plus furieux, & plus cruels, & ont la rencontre plus dangereuse à cause qu'ils s'ellancent, & assaillent en trahison. Ils sont tachetez, & de la même façon que les historiographes les peignent. J'ay ouy quelques fois conter que ces tigres estoient animez contre les Indiens, & qu'ils n'assailloient point les Espagnols, ou bien peu, & qu'ils alloient prendre, & choisir un Indien au milieu des Espagnols, & qu'ils les emportoient. »

D'Acosta envisageait, d'une part, l'existence d'un passage par voie terrestre, pour expliquer la présence de tels animaux dans le Nouveau

Monde, et d'autre part, une raison cohérente à l'absence de cette faune de mammifères dans les îles Caraïbes :

> « Ce seroit une folie, de penser que les hommes les eussent embarquez avec eux, il s'ensuit que ce monde se continue, en quelque endroit avec l'autre nouveau, par où ces animaux peuvent avoir passé, & peuplé peu à peu ce nouveau monde : puisque suivant l'Escriture ces animaux se sauverent de l'arche de Noé, & delà ils sont multiplié au monde [...] Il ne me semble pas difficile de croire, mais est presque certain, que tous ces animaux par leur legereté, & pour estre naturellement sauvages, ayent passé d'un monde à l'autre, par quelque endroit où ils se joignent, puis que aux grandes Isles & esloignemens de la terre ferme, je n'ay point de cognoissance qu'il s'y en trouve, quoy que j'aye fait recherche de le descouvrir. »

La dernière catégorie d'animaux, c'est-à-dire ceux que l'on ne trouve qu'en Amérique et qui n'ont pas d'équivalents dans l'Ancien Monde, posait le plus de problèmes à d'Acosta :

> « C'est chose plus difficile de monstrer & prouver, quel commencement ont eu plusieurs & diverses sortes d'animaux qui se trouvent és Indes, de l'espece desquels nous n'avons point en ce continent. Car si le créateur les a produits en ces parties, il ne faut point alleguer, ny avoir recours à l'Arche de Noé, & n'estoit point de besoing de sauver alors toutes les especes d'oiseaux & animaux, si d'autres devoient estre créées de nouveau : d'autre part on ne pourroit pas dire, que le monde eust esté fait & achevé ens six jours de la creation, s'il y eust eu encor d'autres nouvelles especes à former, & principalement des animaux parfaits (*mammifères*), & non moins excellents, que ceux qui nous sont cogneus. Si nous disons donc que toutes les especes d'animaux furent conservées en l'arche de Noé, il s'ensuit que les animaux, de l'espèce desquels il ne s'en trouve en d'autres endroits, qu'es Indes, y ayent passé de ce continent, tout ainsi comme nous avons dit des autres animaux, qui nous sont cogneus. Cela supposé, je demande comme il est possible qu'il n'en soit resté par deça aucun de leur espece, & comme il s'en trouve seulement par delà, ou ils sont comme voyagers & estrangers. C'est à la verité une question qui m'a long temps tenu en perplexité. »

D'Acosta supposait donc que ces animaux spécifiques de l'Amérique, une fois partis de l'Arche de Noé, avaient colonisé ce continent, mais que leurs ancêtres restés dans l'Ancien Monde n'avaient pas survécu. Prenant l'exemple des lamas et guanacos, qu'on ne trouve qu'en Amérique du Sud, il se demandait...

« … si ils n'y ont point passé d'une autre région, comment se sont ils formez & produits par delà ? Paravanture Dieu a-il fait une autre nouvelle création d'animaux ? Ce que je dy, de ces Pacos (*lamas*), & guanacos, je le dy de mil autres differentes especes d'oiseaux & d'animaux de forest, qui jamais n'ont esté cogneus, ny de figure, ny de nom, & desquels il n'est fait aucune mention, soit entre les Latins, soit entre les Grecs, ou quelques autres nations de ce monde. Il faut donc dire, que combien que tous les animaux soyent sortis de l'Arche, neanmoins, par un instinct naturel, & providence du Ciel, divers genres d'iceux s'espartirent en diverses regions, en aucunes desquelles ils se trouverent si bien, qu'ils n'en voulurent point partir ; ou s'ils en sortirent, ne se conserverent, ou bien en fin de temps ils perirent totalement, comme l'on voit arriver en beaucoup de choses… »

D'Acosta envisageait même que ces animaux, au cours du temps, auraient pu se transformer légèrement, par « accident », idée qui sera reprise par les évolutionnistes du XIXe siècle :

« L'on peut bien aussi considerer sur ce subjet, si tels animaux different en especes, & essentiellement de tous les autres, ou si ceste difference est accidentelle, laquelle peut y avoir esté causée par divers accidens, comme nous voyons au lignage des hommes, que les uns sont blancs, & les autres sont noirs, les uns geans, & les autres nains, & en l'espece singes, les uns n'ont point de queue, & les autres en ont, entre moutons, les uns sont ras, & les autres vellus, les uns grands & forts, qui ont le col fort long, comme ceux du Peru (*ici d'Acosta parle des lamas, qui, à cette époque, étaient considérés par les Espagnols comme des sortes de moutons géants*), & les autres sont foibles & petits, ayant le col court comme ceux de Castille. »

Il semble que d'Acosta ne voulait pas donner un avis définitif sur la question et qu'il laissait le sujet ouvert, insistant néanmoins sur les difficultés théoriques qui lui paraissaient insolubles :

« Mais pour en parler plus sainement, qui voudra par ce discours, en mettant seulement ces differences accidentelles, conserver la propagation des animaux és Indes, & reduire à ceux d'Europe, prendra une charge, de laquelle il pourra malaisement sortir à son honneur. Car si nous devons juger les especes d'animaux par leurs proprietez, ceux des Indes sont si differents, que c'est appeler l'œuf chataigne, de les vouloir reduire aux especes cogneues de l'Europe. »

Deux siècles plus tard, Buffon (65), qui comparait les faunes tropicales de l'Ancien Monde à celles du Nouveau Monde arrivait à peu près aux mêmes constatations, à savoir que, premièrement, certaines familles ne se trouvaient qu'en Afrique et/ou en Asie (éléphants, rhinocéros, hippopotames, antilopes, chevaux et zèbres, girafes, hyènes, etc.), deuxièmement, d'autres familles étaient strictement liées à l'Amérique (tatous, fourmiliers, paresseux, sarigues, etc.), et troisièmement, certains groupes avaient des représentants, autant en Afrique qu'en Amérique (félins, singes, cervidés, chauves-souris, etc.). Il considérait, comme tout le monde à cette époque, que chaque espèce animale était « faite » pour vivre dans un pays particulier, sous un climat lui convenant et, comme les anciens, il pensait que le climat était responsable de la taille, de la force, de l'agressivité et du caractère général des animaux. Mais on entendait par le terme « climat », aussi bien les conditions de chaleur et d'humidité que les nombreuses autres « qualités » de l'environnement :

> « Cela tient à la qualité de la terre, à la condition du ciel, au degré de chaleur, à celui d'humidité, à la situation, à l'élévation des montagnes, à la quantité des eaux courantes ou stagnantes, à l'étendue des forêts, & sur-tout à l'état brut dans lequel on y voit la nature. »

Buffon avait observé, d'une part, que les mammifères d'Amérique tropicale étaient généralement plus petits que ceux d'Afrique (le tapir étant le plus gros animal d'Amérique du Sud) et, d'autre part, concernant les groupes qui sont également distribués de part et d'autre de l'Atlantique, que les espèces américaines étaient plus petites que leurs homologues de l'Ancien Monde. C'est effectivement le cas pour les félins, les plus gros jaguars dépassant à peine 100 kilogrammes alors que les lions atteignent 200 kilogrammes, et les tigres 300 kilogrammes. Les cervidés d'Amérique tropicale sont également de taille inférieure, les plus grosses chauves-souris vivent dans l'Ancien Monde, et l'on ne trouve pas, en Amérique, d'équivalence aux grands singes africains et asiatiques. Cherchant des causes géographiques à ce phénomène, Buffon remarquait qu'à latitudes égales, l'Ancien Monde était plus chaud que le Nouveau Monde :

> « La chaleur est en général beaucoup moindre dans une partie du monde, & l'humidité beaucoup plus grande : si l'on compare le froid & le chaud dans tous les degrés de latitude, on trouvera qu'à Québec, c'est-à-dire,

sous celle de Paris, l'eau des fleuves gèle tous les ans de quelques pieds d'épaisseur [...] On brûle au Sénégal, & sous la même ligne on jouit d'une douce température au Pérou ; il en est de même sous toutes les autres latitudes qu'on voudra comparer (*Buffon ignorait le rôle des courants marins dans le réchauffement ou le refroidissement des continents*). Le continent de l'Amérique est situé & formé de façon que tout concourt à diminuer l'action de la chaleur ; on y trouve les plus hautes montagnes, & par la même raison les plus grands fleuves du monde [...] ainsi le vent d'est, qui, comme l'on sait, est le vent constant & général entre les tropiques (*il s'agit des alizées*), n'arrive en Amérique qu'après avoir traversé une très-vaste étendue d'eau sur laquelle il se rafraichit, & c'est pour cette raison qu'il fait moins chaud au Brésil, à Cayenne, &c. qu'au Sénégal & en Guinée, &c. où ce même vent d'est arrive chargé de la chaleur de toutes les terres & sables brûlans qu'ils ont parcourut en traversant & l'Afrique & l'Asie. »

Reprenant les très anciennes hypothèses d'Aristote (1) et de Pline (2), concernant l'influence de la chaleur sur le développement des animaux, Buffon établissait une relation directe de cause à effet entre la température des différents continents et les caractéristiques des félins qui les peuplent :

« Dans les pays chauds, les animaux terrestres sont plus grands & plus forts que dans les pays froids ou tempérés, ils sont aussi plus hardis, plus féroces ; toutes leurs qualités naturelles semblent tenir de l'ardeur du climat. Le lion né sous le soleil brûlant de l'Afrique ou des Indes, est le plus fort, le plus fier, le plus terrible de tous : nos loups, nos autres animaux carnassiers, loin d'être ses rivaux, seroient à peine dignes d'être ses pourvoyeurs. Les lions d'Amérique, s'ils méritent ce nom, sont, comme le climat, infiniment plus doux que ceux de l'Afrique ; & ce qui prouve évidemment que l'excès de leur férocité vient de l'excès de la chaleur, c'est que dans le même pays, ceux qui habitent les hautes montagnes où l'air est plus tempéré, sont d'un naturel différent de ceux qui demeurent dans les plaines où la chaleur est extrême. »

Quelques éléments sur la taille des animaux et le climat

La taille corporelle des animaux est généralement liée à de nombreux facteurs, comme la nature et l'abondance des ressources alimentaires, la compétition sexuelle (qui favorise les mâles les plus forts), la défense contre les prédateurs, etc., mais le climat joue également un rôle important. C'est le naturaliste allemand Carl Bergman qui, en 1847, mit le premier en évidence, au sein de mêmes espèces, une relation existant entre la taille corporelle et les conditions de température auxquelles sont soumis les animaux. Par exemple, les sangliers du sud de l'Europe sont deux fois plus petits que ceux du nord de l'Europe. Il en est de même pour de nombreux mammifères comme les cerfs, chevreuils, loups, renards, ours, etc. Ces différences génétiques de taille sont expliquées par une adaptation au froid : les individus les plus grands et les plus massifs présentent une plus forte masse corporelle par rapport à la surface de leur peau, ce qui revient à une moindre déperdition thermique et donc une meilleure résistance au froid (le même principe se retrouve dans les populations humaines). Cette règle, qui ne s'applique qu'aux animaux homéothermes (oiseaux et mammifères, qui doivent conserver une température corporelle constante), est connue sous le nom de *règle de Bergman*. Buffon se trompait donc quand il avançait que les animaux de grande taille le devaient à la chaleur régnant dans leurs contrées.

La taille d'une espèce est un caractère adaptatif qui peut varier dans un sens ou dans l'autre au cours de l'évolution. Par exemple, les éléphants isolés sur certaines iles méditerranéennes, après la remontée du niveau marin, évoluèrent vers des formes naines, les plus petits atteignant la dimension d'un gros sanglier. La taille des prédateurs est, elle-même, adaptée à celle de leurs proies, la disparition des plus grandes d'entre elles se traduisant, après quelques générations, par la réduction de taille de leurs prédateurs.

Buffon remarquait également que si les mammifères américains étaient plus petits que leurs homologues africains, il n'en était pas de même pour les reptiles et les insectes, qu'il considérait comme avantagés, en Amérique tropicale, par « l'excès d'humidité » :

> « Nous ne devons pas dissimuler que si la Nature a rapetissé dans le nouveau monde tous les animaux quadrupèdes (*mammifères*), elle paroît avoir maintenu les reptiles (*actuels reptiles et amphibiens*) & agrandi les insectes [...] les eaux stagnantes couvrent des terres immenses, augmentent encore l'humidité de l'air & en diminuent la chaleur : d'ailleurs la terre étant par-tout en friche & couverte dans toute son étendue d'herbes grossières, épaisses & touffues, elle ne s'échauffe pas [...] Dans cet état d'abandon, tout languit, tout se corrompt, tout s'étouffe ; l'air & la terre, surchargée de vapeurs humides & nuisibles, ne peuvent s'épurer ni profiter des influences de l'astre de la vie ; le soleil darde inutilement ses rayons les plus vifs sur cette masse froide, elle est hors d'état de répondre à son ardeur ; elle ne produira que des êtres humides, des plantes, des reptiles, des insectes, & ne pourra nourrir que des hommes froids & des animaux foibles [...] elle est demeurée froide,

impuissante à produire les principes actifs, à développer les germes des plus grands quadrupèdes auxquels il faut, pour croître & se multiplier, toute la chaleur, toute l'activité que le soleil peut donner à la terre amoureuse ; & c'est par la raison contraire que les insectes, les reptiles & toutes les espèces d'animaux qui se trainent dans la fange, dont le sang est de l'eau (*c'est-à-dire sans hémoglobine, donc pas rouge*), & qui pullulent par la pourriture, sont plus nombreuses & plus grandes dans toutes les terres basses, humides & marécageuses de ce nouveau continent. »

Dérive des continents et spécificité des faunes continentales

La composition et la spécificité des faunes continentales sont dues, en majeure partie, à l'histoire des continents qui, par la dérive des plaques tectoniques, se sont successivement trouvés isolés, puis mis en communication les uns avec les autres. On sait que l'Amérique du Sud a commencé à se séparer de l'Afrique il y a 140 millions d'années et que cette séparation n'est devenue effective qu'il y a environ 60 millions d'années, isolant les faunes africaines des faunes sud-américaines. Au départ, les deux continents hébergeaient donc des faunes à peu près identiques, formées, pour les mammifères, par des espèces primitives du début tertiaire. Ces deux entités évoluèrent séparément, le continent sud-américain restant isolé de l'Afrique et de l'Amérique du Nord pendant près de 55 millions d'années. Durant la même période, Afrique, Asie, Europe et Amérique du Nord établissaient périodiquement des communications entre elles, si bien que leurs faunes acquirent davantage de similitudes les unes avec les autres. En revanche, celles d'Amérique du Sud, tout comme celles d'Australie ou de Madagascar, évoluèrent en « vase clos ».

Pendant toute cette période d'isolement, certains mammifères sud-américains évoluèrent en donnant des formes géantes, comme les *Megatherium* (paresseux terrestre de la taille d'un éléphant), les *Glyptodon* (tatous de deux tonnes), ou certains herbivores ressemblant superficiellement (par convergence) à des rhinocéros, hippopotames, antilopes, etc. Dans ces écosystèmes, la place des prédateurs était alors tenue par des marsupiaux dont les plus gros (*Tylacosmilus*) ressemblaient, par leur taille et par leurs dents, aux tigres à dents de sabre de l'Ancien Monde. Cet isolement géographique fut partiellement interrompu, il y a environ 30 millions d'années, par l'arrivée de quelques singes et quelques rongeurs (probablement arrivés par radeau depuis l'Afrique), mais la fin de l'isolement ne remonte réellement qu'à deux ou trois millions d'années, avec la formation de l'isthme de Panama qui relie maintenant les deux Amériques entre elles. La faune du Nord, apparemment plus compétitive, s'engouffra et remplaça un grand nombre de mammifères sud-américains qui s'éteignirent (grands marsupiaux prédateurs, remplacés par les félins, grands herbivores sud-américains, etc.). De nombreuses formes géantes persistèrent pendant longtemps en Amérique du Sud, autant parmi les survivants que parmi les nouveaux venus, mais beaucoup disparurent pendant la dernière glaciation. Enfin, les grandes espèces qui avaient survécu jusque-là, s'éteignirent au moment de l'arrivée des premiers humains. L'hypothèse de Buffon, d'une corrélation entre la chaleur d'un continent et la taille de sa faune, était donc fausse !

Vers les prémices d'une théorie de l'évolution des êtres vivants

L'avancement des connaissances en zoologie et en biogéographie amena forcément les naturalistes de la seconde moitié du XVIIIe siècle à s'interroger sur les grandes différences faunistiques, selon les diverses régions du globe, ou bien sur les coïncidences existant entre les particularités du climat et la morphologie des animaux. Buffon, encore partiellement prisonnier des dogmes religieux, tentait, avec beaucoup de prudence, d'avancer des explications faisant intervenir les modifications de la géographie et du climat. On trouvera, dans ce passage, les germes de la théorie de l'évolution, reprise 26 ans plus tard par Lamarck (78), et reformulée, avec beaucoup plus de solidité, 84 ans après par Darwin (105). Cet aspect de la biologie, concernant l'avancement de la pensée scientifique sur l'évolution des espèces est développé dans le chapitre XI *L'Homme et les Primates dans la classification zoologique*. Il était dangereux, à l'époque, de professer de telles idées[3], aussi, Buffon, qui avait été inquiété par l'Eglise pour ses théories sur la formation et l'âge de la terre, excluait-il d'emblée l'Homme du scénario proposé :

> « L'homme est en tout l'ouvrage du ciel ; les animaux ne sont à beaucoup d'égards que des productions de la terre : ceux d'un continent ne se trouvent pas dans l'autre ; ceux qui s'y trouvent sont altérés, rapetissés, changés souvent au point d'être méconnoissables : en faut-il plus pour être convaincu que l'empreinte de leur forme n'est pas inaltérable ; que leur nature, beaucoup moins constante que celle de l'homme, peut se changer absolument avec le temps ; que par la même raison les espèces les moins parfaites, les plus délicates, les plus pesantes, les moins agissantes, les moins armées, &c. ont déjà disparu ou disparoîtront[4] ? leur état, leur vie, leur être dépend de la forme que l'homme donne ou laisse à la surface de la terre.

Le prodigieux mamout, animal quadrupède, dont nous avons souvent considéré les ossements énormes [...] combien d'autres plus petits, plus foibles & moins remarquables ont dû périr aussi sans nous avoir laissé de témoignages ni renseignemens sur leur existence passée ? combien d'autres espèces s'étant dénaturées[5], c'est-à-dire perfectionnées ou dégradées par les grandes vicissitudes de la terre & des eaux, par l'abandon ou la culture de la Nature, par la longue influence d'un climat devenu contraire ou favorable, ne sont plus les mêmes qu'elles étoient autrefois ? & cependant les animaux quadrupèdes (*par ce terme, Buffon entend mammifères*) sont, après l'homme, les êtres dont la nature est la plus fixe & la forme la plus constante[6] : celle des oiseaux & des poissons varie davantage ; celle des insectes encore plus, & si l'on descend jusqu'aux plantes que l'on ne doit pas exclure de la Nature vivante ; on sera surpris de la promptitude avec laquelle les espèces varient, & les facilités qu'elles ont à se dénaturer en prenant de nouvelles formes.
Il ne seroit donc pas impossible, que, même sans intervenir dans l'ordre de la Nature, tous ces animaux du nouveau monde ne fussent dans le fond les mêmes que ceux de l'ancien, desquels ils auroient autrefois tiré leur origine ; on pourroit dire qu'en ayant été séparés dans la suite par des mers immenses, ou par des terres impraticables, ils auront, avec le temps reçu toutes les impressions, subi tous les effets d'un climat devenu nouveau pour lui-même & qui auroit aussi changé de qualité par les causes mêmes qui ont produit la séparation ; que par conséquent ils se seront avec le temps rapetissés, dénaturés, &c. Mais cela ne doit pas nous empêcher de les regarder aujourd'hui comme des animaux d'espèces différentes : de quelque cause que vienne cette différence, qu'elle ait été produite par le temps, le climat & la terre, ou qu'elle soit de même date que la création, elle n'en est pas moins réelle : la Nature, je l'avoue, est dans un mouvement de flux continuel ; mais c'est assez pour l'homme de la saisir dans l'instant de son siècle, & de jeter quelques regards en arrière & en avant, pour tâcher d'entrevoir ce que jadis elle pouvoît être, & ce que dans la suite elle pouroit devenir. »

Les conceptions de Buffon sur la création de la terre et les origines de la vie

Les hypothèses de Buffon, formulées dans *La Théorie de la Terre*, en 1749, et dans *Les Epoques de la Nature*, en 1778, révolutionnèrent les conceptions de son époque, en même temps qu'elles lui attirèrent attaques et poursuites de la part de l'Eglise. En voici les principaux éléments, exposés dans les grandes lignes. Considérant que…

« … les Planetes ont reçu leur mouvement par une seule & même impulsion, puisqu'elles circulent toutes dans le même sens & presque dans le même plan… »

Buffon formula l'hypothèse qu'une comète, heurtant le soleil de biais, en aurait arraché de la matière incandescente qui fut ainsi projetée latéralement. Les forces de gravité, appliquées à cette matière en fusion, combinées à cette poussée latérale, constituèrent les planètes en leur donnant une forme sphérique, légèrement aplatie aux pôles, les plus légères gravitant loin du soleil et les plus lourdes sur des orbites plus rapprochées. Se basant alors sur ses propres expériences de physique, qui consistaient à chauffer des sphères métalliques de différents diamètres et à mesurer les temps de refroidissement, il extrapola ses calculs à la dimension de la terre, déduisant qu'il avait fallu 2 936 années pour arriver à une solidification de notre planète.

D'autre part, Buffon, tout comme plusieurs autres scientifiques, constatait que certaines couches géologiques, dépassant parfois des centaines de mètres d'épaisseur, contenaient de nombreux restes d'organismes marins. Ces couches étaient formées de lits parallèles, généralement horizontaux (sauf dans certaines régions), et on pouvait les observer jusqu'à des altitudes très élevées. Toutefois, les plus hauts sommets des montagnes en étaient exempts et se trouvaient généralement constitués de « matière vitrescible », c'est-à-dire de roches cristallines refroidies en formant des cristaux ou de la matière vitreuse.

Buffon postulait qu'une fois la terre suffisamment refroidie, l'eau, jusque-là vaporisée dans l'atmosphère, passa à l'état liquide et couvrit la quasi-totalité du globe pour former un immense océan. Il considérait également que, pendant la phase de solidification de la croûte terrestre, sa surface s'était légèrement plissée, formant les irrégularités du relief qui sont à l'origine des montagnes et des fosses marines actuelles. Il expliquait la présence des roches contenant des coquillages, à des altitudes très élevées, par un niveau de la mer approchant initialement les plus hauts sommets.

Buffon supposait également que, pendant la phase de solidification de la terre, des cavités souterraines, sortes de grosses bulles figées dans la masse, s'étaient formées dans la croûte terrestre. Ces immenses gouffres souterrains se seraient progressivement effondrés sous le poids des eaux, faisant descendre peu à peu le niveau des océans. Des nouvelles surfaces émergées seraient alors apparues, rapidement occupées par des plantes et des animaux terrestres. Au cours de ces effondrements successifs, accompagnés de tremblements de terre et de volcanisme, certaines couches géologiques auraient alors changé d'orientation, des collines se seraient formées, et des volcans seraient apparus à la limite des océans et de ces zones d'effondrement.

Pour expliquer la présence d'ossements de mammouths, à la fois en Europe et en Amérique du Nord, Buffon supposait que ces deux continents avaient été autrefois réunis par d'immenses terres (qu'il pensait être l'Atlantide des légendes grecques), terres qui se seraient effondrées en formant l'actuel océan Atlantique nord. Les pôles s'étant refroidis plus vite que l'équateur, il postulait que la vie terrestre aurait commencé dans les régions polaires, la température y étant favorable quand elle était encore insupportable dans les zones tropicales. Avec le refroidissement progressif du globe terrestre, la faune du nord serait descendue vers l'équateur, selon un décalage de temps qu'il estimait à 10 000 ans.

Se basant sur ses divers calculs, dont celui de l'estimation du temps de formation des couches fossilifères, Buffon évaluait l'âge de la formation de la terre à 168 000 ans et les débuts de la vie à 36 000 ans. Il était bien loin des calculs actuels de 4,6 milliards d'années pour la formation de la terre, 3,5 milliards pour l'apparition de la vie, et 550 millions pour le développement des premiers organismes marins complexes. Mais les valeurs proposées par Buffon paraissaient considérables en regard des 6 000 ans du récit de la Genèse, âge officiel de la création de la terre pour l'Eglise. Pour prévenir les critiques, Buffon ajoutait :

> « … toute vérité venant également de Dieu, il n'y a de différence entre les vérités qu'il nous a révélées & celles qu'il nous a permis de découvrir par nos observations & nos recherches. »

Encore, avouait-il avoir sous-estimé les valeurs obtenues par ses calculs, car les mentalités de son époque n'étaient pas prêtes à imaginer des temps aussi longs :

> « … l'on verra que bien loin d'avoir augmenté sans nécessité la durée du tems, je l'ai peut-être beaucoup trop raccourcie. Eh ! pourquoi l'esprit

humain semble-t'il se perdre dans l'espace de la durée plutôt que dans celui de l'étendue, ou dans la considération des mesures… »

Buffon[7] allait jusqu'à calculer la fin du refroidissement terrestre dans 93 000 années. Mais il prévoyait alors que les activités humaines de défrichement et de culture, combinées à l'action du soleil, permettraient d'obtenir des conditions de température suffisantes pour la poursuite de la vie... prémices d'une conception du réchauffement climatique ?

Les bases de la vie paraissaient encore plus mystérieuses que les origines physiques et géologiques de la terre. Buffon, et certains de ses contemporains, postulaient que la matière vivante était composée de « molécules organiques vivantes » substances infinitésimales qui se libéraient et retournaient à la terre après la mort et la décomposition des organismes. Ces « molécules organiques vivantes » pouvaient se réunir à nouveau, en s'organisant, à partir de « moules intérieurs » qui reproduisaient les différentes parties du corps, aboutissant à la formation de nouveaux individus identiques à leurs parents. Ces « moules intérieurs », eux aussi infinitésimaux, étaient décrits comme difficiles à imaginer, car capables de reproduire en trois dimentions, aussi bien les formes externes que les formes internes de la matière vivante (on trouve ici une certaine analogie avec le génome !). Cependant, Buffon supposait que ces molécules organiques, mises en présences les unes avec les autres, dans certaines conditions, étaient capables de former par génération spontanée certains organismes simples comme les vers, ascaris, taenias, douves, poux, infusoirs, etc., mais aussi les « animaux spermatiques » (spermatozoïdes).

Il faudra attendre le XIXe siècle, et en particulier les travaux de Pasteur, pour que l'idée de génération spontanée soit définitivement abandonnée, et surtout, pour que les bases des mécanismes de la reproduction soient établies.

XI.
L'Homme et les Primates dans la classification zoologique

Depuis l'Antiquité, les classifications zoologiques ont regroupé les espèces qui se ressemblent, tout en prenant en compte leur plus ou moins grande proximité anatomique avec l'Homme. Rien d'étonnant que les mammifères aient bénéficié de classifications plus complexes et plus détaillées que celles attribuées à des organismes comme les amphibiens, les poissons, les insectes ou les vers. Pour s'en tenir aux vertébrés, la notion de quadrupèdes vivipares (mammifères actuels), d'oiseaux, et de quadrupèdes ovipares (reptiles et amphibiens actuels) a émergé très tôt. Les divisions plus fines, que l'on peut assimiler à la notion de familles, apparaissent en même temps, reposant sur des similitudes de régimes alimentaires et de dentures, ou bien sur la conformation des membres et des pieds (sabots, griffes, ongles, etc.), ou bien encore sur le milieu où vivent ces animaux (il faut attendre le XVIIIe siècle pour que les mammifères marins soient séparés des poissons et rangés à côté des mammifères terrestres). Ainsi, les « quadrupèdes vivipares », plus tard appelés mammifères, étaient-ils placés en premier (incluant l'Homme, qui était placé en tête), devant les oiseaux et les reptiles. Au sein de ces quadrupèdes vivipares, il paraissait évident de placer les singes en premier, ce qui leur a valu l'appellation de *Primates* par Linné (64) en 1758, mais les premiers découvreurs ne firent pas tout de suite de différenciation bien claire entre les singes proprement dits et les anthropoïdes, comme nous le faisons de nos jours. Dans cette conception linéaire de la classification du monde animal, qui ne fut abandonnée qu'au cours du XXe siècle, chaque espèce était donc placée dans une sorte de longue file hiérarchisée, partant de l'Homme et aboutissant aux vers et aux éponges.

Quand Buffon (65) chercha des critères objectifs pour classer et ordonner les différents singes, il retint en premier lieu l'absence de queue, suivi de la taille corporelle, la forme du visage, la présence ou non de bajoues, et la présence ou non de callosités fessières. Dans sa première édition de *l'Histoire Naturelle des Singes*, en 1766, il plaçait donc le *pithèque* d'Aristote (magot, ou macaque d'Afrique du Nord), en seconde position, juste après l'orang-outang, et devant les gibbons. Comme on le verra, tous ces critères aboutirent à des impasses. On sait que la longueur de la queue est très variable chez les macaques, et que le magot, dont la queue est rudimentaire, n'appartient pas aux anthropoïdes et fait partie du grand groupe des Cercopithécidés. Quant au chimpanzé et à l'orang-outang, Buffon pensait qu'ils faisaient partie d'une seule et même espèce, aussi les regroupait-il sous le nom général d'orang-outang. A cette époque, et selon les auteurs, le chimpanzé était appelé *Jocko*, *Bari*, *Drill*, *Quimpezé*, *Pygmée*, *Troglodyte*, et l'orang-outang, *Pongo*, *Homme-nocturne*, *Homme-sylvestre*. Mais les naturalistes manquaient de collections pour éclaircir ce débat.

Linné, dans sa volonté de classer le monde animal, créait, dans sa sixième édition du *Systema Naturae*, en 1748, six classes différentes dont voici la liste :

I) *QUADRUPEDIA* (majeure partie des mammifères)
II) *AVES* (oiseaux)
III) *AMPHIBIA* (amphibiens et reptiles)
IV) *PISCES* (poissons, cétacés, lamantins)
V) *INSECTA* (animaux au corps incisé, c'est-à-dire la plupart des arthropodes)
VI) *VERMES* (vers, mollusques, etc.)

Toujours dans cette même édition, Linné divisait la première classe, c'est-à-dire celle des *Quadrupedia*, en six ordres différents :

I) *ANTROPOMORPHA* (primates, paresseux)
II) *FERAE* (carnivores, Hérissons, Tatous)
III) *AGRIAE* (fourmiliers, pangolins)
IV) *GLIRES* (rongeurs, lapins, musaraignes, marsupiaux)
V) *JUMENTA* (éléphants, rhinocéros, hippopotames, chevaux, porcins, etc.)
VI) *PECORA* (cervidés, camélidés, bovidés, capridés, etc.)

Les connaissances zoologiques de l'époque étaient encore assez rudimentaires et l'on ne reconnaissait que très peu d'espèces. Dans cette édition de 1748, Linné comptait 140 espèces de quadrupèdes vivipares (mammifères), alors qu'on en recense actuellement près de 5 400 ! Au fur et à mesure de l'avancement des connaissances zoologiques, mais aussi des réflexions de Linné, sa classification allait subir de profonds remaniements. En 1758 (dixième édition du même ouvrage) la nomenclature binominale fut définitivement adoptée (définition de chaque organisme par un nom de genre et un nom d'espèce), en même temps que les cétacés étaient extraits de la Classe des poissons pour être inclus dans celle des *MAMMALIA*. Dorénavant, ce nouveau terme (*Mammalia*), ou « mammaires » en français, avant de devenir « mammifères », se substitua à celui de *Quadrupedia.* De la même façon, le terme *PRIMATES*, ou « Primats » en français, remplaça celui des anciens *Antropomorpha*, ce qui voulait montrer plus clairement la primauté de ce groupe de mammifères. Linné en retirait les paresseux, mais il y incluait les chiroptères, ne sachant pas trop où placer ce groupe. Il reconnaissait alors quatre genres de Primates : *Homo*, *Simia*, *Lemur*, et *Vespertilio*. Ainsi, l'Homme, d'abord nommé *Homo diurnus*, et qualifié de *sapiens*, avant d'être nommé *Homo sapiens* dans les éditions suivantes, était-il placé en première position, suivi, en numéro deux, de l'orang-outang, d'abord nommé *Homo nocturnus*, puis placé un peu plus tard dans le genre *Simia* sous le nom de *Simia troglodytes*. Dans le genre *Simia*, 21 espèces se suivaient dans un ordre allant du plus ressemblant à l'Homme, au moins ressemblant. A l'époque, toutes les classifications attribuaient un numéro de rang à chaque Classe et à chaque Ordre, en fonction de leurs positions hiérarchiques respectives, et il en était de même, au sein de chaque Ordre, pour les espèces qui étaient numérotées en fonction de leur plus ou moins grande complexité, ou distance avec l'Homme, formant ainsi une longue chaîne dont chaque maillon était numéroté.

Toujours animé par cette vision linéaire du monde animal, le célèbre zoologiste Ducrotay de Blainville (94), qui modernisa pourtant profondément la classification des mammifères en 1839, alla jusqu'à utiliser les termes de *Secondates*, *Tertiates* et *Quaternates* pour regrouper certains mammifères. Ces dernières dénominations furent abandonnées, mais le terme *Primates* subsiste encore de nos jours !

Pendant presque tout le XVIIIe siècle, l'origine du Monde et des espèces vivantes était encore unanimement considérée comme divine, l'Homme ayant été créé pour dominer les autres êtres vivants. Voici l'opinion de Buffon, tout à fait représentative de celle de la société de son époque :

« ... la Nature est le trône extérieur de la magnificence divine ; l'homme qui la contemple, qui l'étudie, s'élève par degrés au trône intérieur de la toute-puissance ; fait pour adorer le Créateur, il commande à toutes les créatures ; vassal du ciel, roi de la terre, il l'ennoblit, la peuple et l'enrichit ; il établit entre les êtres vivants l'ordre, la subordination, l'harmonie ; il embellit la Nature même, il la cultive, l'étend et la polit ; en élague le chardon et la ronce, y multiplie le raisin… »

La classification de Linné gênait de nombreux scientifiques et philosophes, essentiellement parce qu'en plaçant l'Homme dans la même catégorie que certains animaux, elle contrevenait à une hiérarchie d'ordre divin. D'ailleurs, Buffon pensait que les classifications étaient superflues et qu'elles ne méritaient pas autant de débats :

« Classer l'homme avec le singe, le lion avec le chat, dire que le lion est un chat à crinière & à queue longue, c'est dégrader, défigurer la Nature au lieu de la décrire & de la dénommer. »

Il admettait bien l'utilité des classifications en botanique, ce qui permettait d'appréhender plus facilement le grand nombre d'espèces végétales, mais il estimait qu'elles étaient inutiles en zoologie, vu le petit nombre d'espèces animales qu'il était facile de se remémorer, et d'ajouter :

« Car comme dans toutes les productions de l'esprit, ce qui est absolument inutile est toujours mal imaginé & devient souvent nuisible… »

Cependant, beaucoup d'auteurs contemporains n'étaient pas de cet avis et les classifications se succédaient, souvent contradictoires car elles utilisaient des critères différents. En 1792, Vicq-d'Azir (81) retirait l'Homme de la classification zoologique et créait, pour les singes, l'Ordre des *PEDIMANES*, arguant que l'Homme…

« … est conformé pour se tenir debout en appuyant le talon sur la terre comme le reste du pied (*alors que*) les animaux ne peuvent se tenir debout sur les pieds de derrière, ou ils n'appuient pas le talon sur la terre avec le reste du pied. »

En 1816, Blainville (94) suivait la même logique, à partir d'autres critères anatomiques, et plaçait les singes, plus quelques petits groupes, dans les *QUADRUMANES*, sans mentionner la place de l'Homme. En 1817, Cuvier (89) replaçait l'Homme dans la classification zoologique, mais il créait deux Ordres distincts : celui des *BIMANES*, réservé à l'Homme, et celui des *QUADRUMANES*, réservé aux singes (termes créés par l'Allemand Blumenbach (85), dès 1775). En 1833, le terme *PRIMATES* était remis au goût du jour par Geoffroy Saint-Hilaire (90), mais l'Homme était toujours implicitement exclu de ce groupe.

Précisons que, dès 1801, en promouvant sa théorie du transformisme, Lamarck (78) lançait un débat qui allait révolutionner la biologie (Lamarck est également l'auteur du terme « biologie »). Voici comment ce scientifique situait l'Homme par rapport aux autres Primates :

> « Effectivement, si une race quelconque de quadrumanes, surtout la plus perfectionnée d'entre elles, perdoit, par la nécessité des circonstances, ou par quelqu'autre cause, l'habitude de grimper sur les arbres, et d'en empoigner les branches avec les pieds, comme avec les mains, pour s'y accrocher ; et si les individus de cette race, pendant une suite de générations, étoient forcés de ne se servir de leurs pieds que pour marcher, et cessoient d'employer leurs mains comme des pieds ; il n'est pas douteux, d'après les observations exposées dans le chapitre précédent, que ces quadrumanes ne fussent à la fin transformés en bimanes, et que les pouces de leurs pieds ne cessassent d'être écartés des doigts, ces pieds ne leur servant plus qu'à marcher.
> En outre, si les individus dont je parle, mus par le besoin de dominer, et de voir à la fois au loin et au large, s'efforcoient de se tenir debout, et en prenoient constamment l'habitude de génération en génération ; il n'est pas douteux encore que leurs pieds ne prissent insensiblement une conformation propre à les tenir dans une attitude redressée, que leurs jambes n'acquissent des mollets, et que ces animaux ne pussent alors marcher que péniblement sur les pieds et les mains à la fois. »

De nombreux hommes de science s'opposèrent violemment à cette vision du monde vivant, en particulier Cuvier, qui jouissait à l'époque d'un très grand prestige. Après la mort de Lamarck en 1829, c'est Cuvier qui, en 1832, prononça son éloge funèbre à l'Académie des Sciences. Il en profita pour déformer et ridiculiser les idées de Lamarck, et c'est cet « éloge », traduit en anglais, qui aurait constitué le principal élément sur lequel, un demi-siècle plus tard, les adeptes anglo-saxons de Darwin (105) se seraient fondés pour écarter et déprécier les mérites de Lamarck.

Pourtant, Lesson (96) écrivait en 1842 :

> « Les naturalistes ont adopté le nom de bimanes pour désigner, dans leurs méthodes de classification, l'ordre qui comprend l'espèce humaine ou le genre homme. Mais on ne peut se refuser à placer, à côté du prétendu roi de la création, les troglodytes et les orangs, qui sont le chaînon qui lie l'homme aux singes. »

Mais la plupart des auteurs de l'époque restèrent beaucoup plus prudents que Lesson, voire évasifs quant à la position de l'Homme par rapport aux Primates. Par exemple, Gervais (108), dans son ouvrage sur les Mammifères, écrivait en 1854 :

> « N'ayant pas à traiter ici de l'espèce humaine, je ne dois pas discuter, avec tous les détails que comporterait le sujet, ce point de doctrine scientifique. Je me bornerai donc à dire que si c'est à l'organisation elle-même que l'on emprunte les caractères qui doivent servir à la classification des espèces, on donne à ceux de la station et du mode de progression par lequel l'Homme diffère des premiers Singes, une trop grande importance, en faisant de l'Homme le type d'un ordre à part ; que si c'est, au contraire, l'intelligence que l'on consulte et surtout la supériorité morale, l'établissement d'un ordre distinct pour cette espèce privilégiée n'est pas suffisant pour exprimer combien elle diffère de toutes les autres. »

Alors que depuis l'Antiquité, trois règnes avaient été distingués dans la nature (le minéral, le végétal, et l'animal), dès 1824, un quatrième règne était rajouté, le *REGNE HUMAIN*, permettant ainsi de séparer nettement l'Homme du *REGNE ANIMAL*. Cette vision se retrouve encore exposée et approuvée dans le *Dictionnaire Général des Sciences Techniques et Appliquées* (123) de 1870.

C'est avec la publication des travaux de Darwin, en particulier *l'Origine des espèces*, en 1859, que le débat fut ravivé et relancé en Europe, engendrant des positions excessives et souvent violentes. Progressivement, les scientifiques se rangèrent à la théorie de Darwin, mais la polémique provoqua une farouche opposition de la part des divers clergés. Cette véritable révolution des pensées créa de nombreuses controverses dans toutes les sociétés, mais l'on s'intéressait essentiellement à la position de l'Homme par rapport aux singes, sans prêter beaucoup d'intérêt à la théorie elle-même et à ses conséquences sur notre conception du monde vivant. Pourtant, dans ses écrits, Darwin ne parlait que des animaux !

« Descendre d'un singe, espérons que ce n'est pas vrai, mais faisons tout pour que cela ne s'ébruite pas... » aurait-dit l'épouse de l'évêque anglican de Worcester.

La paléontologie étant encore peu avancée, les adversaires de Darwin focalisèrent leurs critiques sur le fait que l'on n'avait jamais trouvé de fossiles faisant le lien entre l'Homme et les grands singes anthropoïdes, le fameux *CHAINON MANQUANT*. Il faudra attendre les découvertes relativement récentes des Australopithèques et des autres hommes fossiles pour faire tomber cet argument.

A l'exception de quelques sectes religieuses, le fait que l'Homme soit un Primate parmi les autres Primates avec, bien entendu, une voie évolutive qui lui est propre, ne choque plus personne. Il n'empêche que nos sociétés restent fascinées par les grands singes anthropoïdes et par l'observation de leurs comportements qui nous paraissent de plus en plus « humains » au fur et à mesure qu'ils sont étudiés et qu'on en découvre la complexité. En outre, les études récentes du génome complet de l'Homme et du bonobo montrent que ces deux espèces partagent 99,4 % de leurs gènes en commun !

Homme et Primates

Les organismes vivants furent longtemps considérés comme formant une longue chaîne, constituée à l'une de ses extrémités par l'espèce la plus simple, et à l'autre extrémité par l'espèce la plus complexe et la plus aboutie, c'est-à-dire l'Homme. Cette conception, issue de l'Antiquité et postulant une création divine, se trouva prise en défaut dès que l'on commença à envisager que les organismes pouvaient se transformer, même légèrement, comme Buffon le suggère dès 1775, sous les contraintes de l'environnement (assèchement, refroidissement du climat, etc.). En outre, quels que soient les critères de classement utilisés, toutes les tentatives de classifications linéaires imaginées dans cette optique étaient imparfaites.

Avec l'émergence des théories évolutionnistes, principalement celles de Lamarck, puis de Darwin, les scientifiques abandonnèrent l'idée de cette chaîne continue pour la remplacer, d'abord par des chaînons indépendants, puis par un arbre très ramifié dont les branches supérieures étaient occupées par les Primates, avec l'Homme sur la cime. Mais cette figuration suggérait un sens privilégié de l'évolution, comme si l'Homme en était le but final. Aujourd'hui, l'arborescence des êtres vivants est schématisée par un buisson très ramifié, ne privilégiant aucun groupe et aucune direction.

Au même titre qu'un individu ne peut descendre de son cousin, une espèce ne peut être issue d'une autre espèce qui lui est contemporaine. L'Homme ne descend donc pas du singe, mais tous deux descendent d'un même ancêtre, puis chaque rameau a suivi une voie évolutive distincte. En général, plus une espèce diffère d'une autre, plus leur ancêtre commun est lointain.

L'ancêtre des Primates était un petit animal insectivore et frugivore, nocturne, arboricole, dont les mains et les pieds étaient préhensiles. Les principales tendances évolutives de ce groupe sont marquées par un accroissement progressif du cerveau et par la prééminence de la vision sur l'olfaction.

Grâce au croisement de la génétique et de la paléontologie on arrive maintenant à évaluer le nombre de générations, et donc le temps géologique qui sépare deux espèces contemporaines de leur ancêtre commun. Le plus ancien Primate fossile connu date de 55 à 58 millions d'années et l'origine de ce groupe, calculée par les « horloges moléculaires » remonterait à la fin du Crétacé, il y a environ 85 millions d'années, donc bien avant l'extinction des dinosaures. L'ancêtre commun à tous les Primates actuels (lémuriens, singes, anthropoïdes, Homme), aurait vécu il y a 60 millions d'années. La séparation entre les Primates d'Amérique et ceux de l'Ancien Monde daterait de 35 millions d'années, celle des singes (cercopithèques, macaques, babouins, etc.) et des anthropomorphes (hominoïdes, chimpanzé, gorille etc.) de 25 millions d'années, et la séparation entre la lignée des chimpanzés et celle des hommes de sept millions d'années. La précision de ces valeurs est encore discutée, mais la chronologie des évènements fait consensus.

L'*Homo sapiens* est maintenant le plus souvent classé dans la sous-famille des HOMININES (avec d'autres genres comme *Australopithecus*, ou d'autres espèces comme *Homo erectus*), à côté d'autres sous-familles comme les PANINES (chimpanzé, bonobo), GORILLINES (gorille), PONGINES (orang-outan), HYLOBATINES (gibbons, siamangs). Toutes ces sous-familles sont réunies dans une même et seule famille, celle des HOMINIDES.

Le chaînon manquant et l'homme de Piltdown

Au tout début du XXe siècle, Charles Dawson, paléontologue amateur, découvrait un fragment de calotte crânienne humaine dans la petite carrière de gravier de Piltdown, au sud de Londres. Au cours de nombreuses fouilles successives, toujours à proximité du lieu de sa première découverte, il trouva d'autres fragments crâniens, un fragment de mandibule, une dent d'éléphant et une autre d'hippopotame. Dawson et son ami Arthur Smith Woodward, président de la société de géologie et conservateur du département d'histoire naturelle du British Muséum, présentèrent ces découvertes dans une première publication en 1912. Les conclusions étaient surprenantes : les fragments de calotte suggéraient un crâne proche de celui de l'Homme moderne alors que la mandibule s'apparentait à celle d'un singe anthropoïde. Malheureusement la partie proche du menton, ainsi que l'articulation permettant la jonction avec le crâne manquaient, mais les deux scientifiques se basaient sur la proximité de leurs trouvailles pour affirmer que les débris de calotte crânienne et le fragment de mandibule provenaient d'un même individu. En outre, les deux molaires de la mandibule s'apparentaient à celles d'un singe, mais leur usure était de type humain. Les méthodes de datation chimique n'existant pas à cette époque, seule la présence des fossiles associés (dents d'un hippopotame et d'un éléphant dont les espèces sont actuellement disparues) permettait de situer les restes humains aux alentours de 500 000 ans ; l'homme de Piltdown était baptisé *Eoanthropus* (homme de l'aube). La communauté scientifique fut ébranlée mais cette découverte fut mise en doute par plusieurs anthropologues de renom. En effet, une telle dissociation entre l'évolution du crâne et celle de la mandibule contredisait les découvertes de l'époque, faites sur les hommes de Néandertal ou encore sur le Pithécanthrope de Java. Ces derniers fossiles montraient en effet que c'était la mandibule qui avait commencé par évoluer vers le type humain, suivie, avec un certain retard, par la boite crânienne, et non le contraire. Pour le coup, les hommes fossiles d'Europe continentale et d'Asie étaient considérés comme des rameaux dégénérés, et l'homme de Piltdown, plus ancien que les néandertaliens, devenait le véritable ancêtre de l'humanité, dont le berceau se trouvait en Angleterre. Belle revanche pour les idéologues britanniques de l'époque qui avaient vu, jusque-là, avec amertume, que les peintures rupestres et les restes fossiles des premiers humains se trouvaient en France et en Allemagne. En outre, ce nouveau fossile prenait la place du fameux *chaînon manquant*, positionné entre l'homme moderne et les singes anthropoïdes. De nouvelles découvertes, faites dans un autre site quelque peu éloigné du premier, mirent en évidence d'autres fragments de calotte crânienne et une canine de type anthropoïde, mais dont la forme d'usure rappelait celle d'un hominoïde. Cette nouvelle découverte ébranla beaucoup d'anthropologues encore sceptiques. Des moulages de ces fragments furent envoyés dans les divers musées du monde, mais les originaux étaient jalousement enfermés dans un coffre-fort du British Museum, très peu de personnes y ayant accès. Entre-temps, de nouvelles découvertes étaient faites un peu partout dans le monde, dont les Australopithèques d'Afrique, mais le débat en restait là.

Ce n'est qu'en 1949 que le scandale éclata. L'anthropologue anglais Oakley, qui s'intéressait aux nouvelles méthodes de datation par le fluor, eut la possibilité de tester certains échantillons collectés par Dawson. Les dents d'hippopotame et d'éléphant se situaient bien entre 1 million et 500 000 ans, mais les fragments humains avaient moins de 40 000 ans. Des examens plus attentifs montrèrent que ces fragments humains avaient été artificiellement teintés et que l'usure des dents provenait d'un limage assez grossier. En définitive, et après des analyses ultérieures, faites en 1959 à l'aide du carbone 14, il s'avérait que les fragments de calotte crânienne provenaient d'un homme du Moyen Age et que la mandibule appartenait à un orang-outang assez récent. La dent d'hippopotame nain provenait vraisemblablement de Malte, et celle d'éléphant d'un gisement tunisien. Les auteurs de la supercherie étant morts avant que celle-ci ne fût découverte, le doute subsiste toujours sur les raisons de cette mise en scène et sur ses auteurs. Dawson fut bien entendu mis en cause (il était mort en 1916), mais d'autres personnages, assez nombreux, furent suspectés d'avoir monté un canular, puis de s'être tus, n'ayant pas osé faire machine arrière devant l'ampleur de la polémique. Parmi eux, le paléontologue français Teilhard de Chardin et l'écrivain britannique Conan Doyle (qui préparait son ouvrage *Le Monde Perdu*), tous deux amis de Dawson et tous deux ayant résidé à proximité de Piltdown. Mais le doute subsiste et l'on ne connaîtra vraisemblablement jamais les auteurs de cette supercherie, assez grossière, qui aurait dû être éventée beaucoup plus tôt. Pendant une quarantaine d'années, l'homme de Piltdown avait conduit à imaginer que le cerveau humain s'était développé en premier, entraînant, par « la force de l'intelligence », le reste de l'évolution, alors que l'examen de tous les fossiles actuellement exhumés montre le contraire ! Perfidement, certains journalistes européens et américains écrivirent que « le plus vieil Anglais était un singe. »

L'angle facial

Depuis le milieu du XVIIIe siècle, de nombreux critères anatomiques avaient été recherchés et testés pour construire de nouveaux modèles de classifications. Parmi les divers arguments utilisés pour évaluer la position « hiérarchique » des singes, signalons la taille corporelle et surtout l'angle facial (mesure du prognathisme crânien). Ce dernier indice inventé vers 1768 par le Hollandais Camper (71), postulait que plus l'angle était proche de celui des statues grecques, c'est-à-dire 90° soit le *beau idéal*, plus l'individu montait dans la classification. C'est ainsi que Buffon, utilisant également cet argument, plaçait l'orang-outang en première position, le magot en seconde, et les babouins et mandrills assez loin derrière les cercopithèques. Mais au XVIIIe siècle, seuls de très jeunes orangs-outangs et chimpanzés étaient parvenus en Europe. Tous mouraient rapidement de maladie ou de froid si bien que l'on n'avait jamais pu les voir se développer et atteindre leur taille adulte. On sait que chez les jeunes mammifères le crâne est plus globuleux à la naissance, donc avec une face plus courte, et que cette dernière n'atteint ses proportions définitives qu'au stade adulte. La plupart des individus qui avaient servi à la prise de ces mensurations étaient de jeunes animaux.

La première dépouille d'orang-outang adulte parvenue en Europe (son corps avait été conservé dans de l'eau de vie) fut acquise en 1780 par le naturaliste allemand Fredrick von Wurmp (77). Mais le mémoire qu'il en publia suscita beaucoup de scepticisme en Europe, les scientifiques refusant de croire que la taille d'un singe puisse atteindre une telle dimension (environ 1,30 mètre). Quand les armées révolutionnaires françaises arrivèrent en Hollande, le squelette de l'animal, qui se trouvait alors dans les collections du Stathouder, fut « confisqué » et envoyé enrichir les collections du Muséum de Paris. Eugène Geoffroy Saint-Hilaire (90) et Georges Cuvier, examinant ce spécimen en 1795, conclurent qu'il s'agissait bien d'un singe pouvant se tenir debout, mais comme son angle facial avoisinait les 30 degrés, ils le reléguèrent en sixième position, l'assimilant au groupe des babouins. Dans cette échelle, les spécimens de jeunes orangs-outangs étaient classés en tête, avec 60 degrés d'angle facial, puis venaient les sapajous avec également 60 degrés, les guenons (cercopithèques) 50 degrés, les macaques 50 degrés, le magot 40 degrés, les babouins 30 degrés, l'alouate (singe hurleur) 30 degrés. Le singe de Wurmp était donc placé entre les babouins et l'alouate. En 1818, lorsque Cuvier reçut un crâne d'orang-outang dont le stade de développement était intermédiaire entre celui des très jeunes individus et celui de Wurmp, il envisagea que tous pourraient faire partie d'une seule et même espèce. Mais il hésitait, pensant plutôt qu'il pourrait s'agir de trois espèces différentes. Ce n'est qu'en 1835 que le zoologiste anglais

Owen (100) reconnut que ce spécimen faisait partie de l'espèce orang-outang, qu'il plaçait en seconde position, juste derrière le chimpanzé. Devant les contradictions apportées en systématique par l'utilisation de l'angle facial, cet outil fut progressivement abandonné par les zoologistes, mais il fut conservé par les anthropologues de la première moitié du XXe siècle pour le « classement des races humaines » !

Taille et poids des Primates

Les plus petits Primates sont à rechercher parmi les lémuriens, microcèbes de Madagascar et certains galagos d'Afrique, dont le poids oscille entre 60 et 80 grammes. Le ouistiti pygmée (*Cebuella pygmaea*) est la plus petite espèce de singe américain (85 à 160 grammes pour une taille de 12 à 15 centimètres), enfin, parmi les singes de l'Ancien Monde, la plus petite espèce est un cercopithèque africain, le talapoin (environ 1 kilogramme). Le plus grand des Primates actuels est le gorille, 200 kilogrammes pour les mâles (maximum 275 kilogrammes pour certains individus des montagnes de l'est-africain). Le plus grand des Primates ayant vécu est le *Gigantopithecus*. Proche de la lignée des orangs-outangs, ce grand Primate terrestre vivait avant la dernière glaciation dans le sud de la Chine et le nord de l'Inde et du Pakistan. Par extrapolation, à partir de ses restes fossiles, on estime qu'il aurait pu atteindre 3 mètres de haut et peser 500 kilogrammes.

Le poids des animaux est normalement ajusté à leur environnement, mais certaines contraintes particulières, comme la compétition sexuelle, pour les mâles, ou la défense contre les prédateurs, tendent à favoriser l'augmentation de taille au cours de l'évolution. La majeure partie des espèces arboricoles pèsent généralement moins de 10 kilogrammes, ce qui semble être, pour des animaux sauteurs, la limite physique compatible avec la résistance des branches. Les anthropoïdes, qui se déplacent dans les arbres par brachiation, exercent de moins fortes contraintes mécaniques, et la limite supérieure de poids semble être atteinte par l'orang-outang et le chimpanzé. Dans les diverses lignées de Primates, c'est parmi les espèces terrestres que l'on trouve les formes les plus lourdes (gorille, babouins, certains macaques, etc.). Les premiers hominidés étaient de petite taille : les *Australopithecus afarensis* devaient mesurer 1,10 à 1,35 mètre pour un poids de 25 à 40 kilogrammes, et *l'Homo habilis*, 1,20 à 1,50 mètre pour un poids de 30 à 40 kilogrammes.

Littérature citée et commentaires

Seuls les ouvrages anciens ont été indiqués dans cette liste bibliographique. A part quelques auteurs très anciens (Aristote et Pline) la majeure partie de ceux qui ont été retenus dans cette liste se situent entre le début du XVe siècle et la fin du XIXe siècle. La liste des auteurs est établie dans l'ordre chronologique et chaque auteur porte un numéro, ce qui permet de le consulter facilement à partir du texte.

Liste commentée des auteurs cités

(1) ARISTOTE (384-322 Av. J.-C.), *Histoire des Animaux d'Aristote,* traduction M. Camus, 1783.
L'œuvre d'Aristote a servi de référence jusqu'à la Renaissance. Ancien précepteur d'Alexandre le Grand, Aristote s'était aussi bien servi des connaissances de son époque que de ses propres recherches et observations. Des moyens considérables avaient été mis à sa disposition par Alexandre le Grand pour l'obtention de cette immense documentation.

(2) PLINE L'ANCIEN (23-79), *Histoire Naturelle de Pline,* traduction M. E. Littré, 1848.
L'œuvre de Pline est surtout intéressante par l'utilisation des nombreux textes anciens, maintenant disparus, ayant servi de base à cette immense compilation.

(3) D'AILLY Pierre (1351-1420), *Imago Mundi,* 1412.
Ecclésiastique français, cet auteur a écrit de nombreux ouvrages, dont l'*Imago Mundi* (Image du Monde), qui aurait servi de base à Christophe Colomb pour l'élaboration de ses projets de découverte.

(4) COLOMB Christophe (1451-1506). Il existe une multitude d'ouvrages consacrés à Christophe Colomb. Ses écrits concernent principalement les données géographiques et politiques et très peu sont consacrés à la description de la faune rencontrée aux Indes occidentales. En revanche, Pierre Martyr, présent à la cour d'Espagne, recueillit de nombreux témoignages concernant ce domaine, autant de la part de Christophe Colomb que de ses compagnons de voyage.

(5) VON BREYDENBACH Bernhard (1454-1497), *Voyage et pèlerinage d'outremer au Saint Sépulcre,* 1489.
A la suite d'un pèlerinage en Palestine, Egypte et Sinaï, cet évêque allemand fit paraître une relation de son voyage contenant une peinture représentant la faune qu'il rencontra, dont une girafe.

(6) MARTYR D'ANGHIERA Pierre (1457-1526), *De Orbe Novo,* écrit entre 1494 et 1526, traduit du latin en français par Paul Gaffarel, 1907.
D'origine italienne, Pierre Martyr fut précepteur, négociateur, historiographe, etc. à la cour des rois d'Espagne Isabelle la Catholique et Ferdinand d'Aragon, puis de Charles Quint. Il fréquenta Christophe Colomb et ses compagnons, recueillant leurs témoignages pour l'élaboration des huit décades de son ouvrage *De Orbe Novo* (du Nouveau Monde).

(7) DÜRER Albrecht (1471-1528), *Gravure à la plume du rhinocéros de Lisbonne, et gravure sur bois,* 1515.
C'est à partir de documents et descriptions reçus en Allemagne, sans jamais avoir vu l'animal, que cet artiste allemand dessina le célèbre portrait du rhinocéros offert au roi du Portugal par un prince indien.

(8) FERNANDEZ DE OVIEDO Y VALDES Gonzalo [Oviedo] (1478-1557), *La General y Natural Historia de las India.* Première publication, 1535 ; première traduction française, 1556
Oviedo fut conquistador, administrateur et historien de la conquête espagnole en Amérique.

(9) LEON (L'AFRICAIN), Jean, ou Hassan al-Wazzan (né vers 1490-mort après 1550), *Cosmographia de Africa*, écrit en arabe en 1526, traduit en italien en 1550 et en français en 1556, sous le titre *Historiale Description de l'Afrique Tierce Partie du Monde.*
Lettré arabe, né à Grenade, réfugié au Maroc après la reconquista, Léon l'Africain vécu près de 25 ans au Maroc et voyagea dans tout le nord de l'Afrique. Capturé par des pirates chrétiens vers 1520, puis adopté par le pape Léon X, ce dernier l'incita à écrire ce livre qui apporta au monde chrétien du XVIe siècle de nombreuses informations sur cette région du monde.

(10) LOPEZ DE GOMARA Francisco (1511-1564), *Historia General de las Indias,* 1552.

Chapelain et secrétaire du conquistador Hernan Cortès (à la fin de la vie de ce dernier), Gomara n'a jamais voyagé en Amérique mais il s'est fondé sur la documentation réunie par Cortès.

(11) HERNANDEZ DE TOLEDO Francisco (1514-1578), *Historia Naturalis Mexicana,* 1651.

Médecin et botaniste espagnol, il fut choisi par Philippe II pour diriger une expédition scientifique en Amérique centrale et au Mexique (1572 à 1577). Il rapporta une collection considérable de plantes, d'animaux, de minéraux, ainsi que de nombreux écrits, mais une grande partie fut détruite lors d'un incendie. Pour les représentations graphiques de certains animaux, il se contenta de faire prendre pour modèles, par ses dessinateurs, les sculptures d'or ou autres matières que les artistes mexicains avaient réalisées avant l'arrivée des Espagnols, tant elles paraissaient proches de la réalité. Ce n'est qu'après sa mort que ses notes furent publiées en 1615 puis en 1651.

(12) GESSNER Conrad [Konrad von Gesner, Conradus Gesnerus] (1516-1565), *Historiae animalium, Quadripedes vivipares,* 1551.

Célèbre naturaliste suisse dont les écrits et les illustrations ont été repris pendant près de deux siècles par de nombreux auteurs.

(13) THEVET André (1516-1590), *Les Singularitez de la France antarctique,* 1557.

Cet ecclésiastique participa à la tentative d'établissement d'une colonie française au Brésil (*France Antarctique*), dirigée par Villegagnon dans l'actuelle Baie de Rio. Prêtre catholique, il n'y séjourna que deux mois, entre 1555 et 1556. Il fut accusé de s'être inspiré des notes de Jean de Léry.

(14) BELON Pierre (du Mans, 1517-1554), *Observations de plusieurs singularités & choses mémorables, trouvées en Grèce, Asie, Judée, Égypte, Arabie, & autres pays étranges, rédigées en trois livres,* 1555. *Portraits d'Oiseaux Animaux Serpents Arbres Hommes et Femmes d'Arabie & d'Egypte,* 1557.

Ce célèbre naturaliste français avait pu voyager au Moyen-Orient et rapporter de nombreuses informations.

(15) ALDROVANDI Ulissse (1522-1605), *De Quadripedipus digitalis viviparis*, 1637 ; *De Quadripedibus digitalis*, 1639.
Naturaliste italien de la renaissance.

(16) DE L'ECLUSE Charles [Carolus CLUSIUS] (1526-1609), *Exoticorum libri*, 1605.
Médecin botaniste flamand de langue française, réfugié en Flandre (Belgique). Etabli à Leyde, il a étudié et décrit de nombreux spécimens de plantes et d'animaux tropicaux rapportés par les navigateurs.

(17) PIGAFETTA Filippo (1533-1604) & Duarte LOPES (?-?), *La Relatione del Reame di Congo et delle Circonvicine Contrade*, 1591. Traduction française Willy Bal, 2002.
Relations concernant la région du Congo et provenant des récits du voyageur et commerçant portugais Duarte Lopes ; première mention de l'existence du chimpanzé.

(18) DE LERY Jean (1536-1613), *Histoire d'un voyage fait en la terre du Brésil* (première édition en 1578).
Jean de Léry participa à la tentative d'établissement d'une colonie française au Brésil (*France Antarctique*) dirigée par Villegagnon dans l'actuelle Baie de Rio. Converti au protestantisme et recommandé par Calvin, il y séjourna 10 mois, entre 1557 et 1558. Il s'opposera, dans ses écrits à André Thévet, prêtre catholique ayant séjourné dans les mêmes lieux, qu'il accusera de plagiat.

(19) D'ACOSTA José (vers 1539-1600), *Historia Natural y Moral de las Indias*, 1588 à 1590, traduction française, 1598.
Jésuite espagnol ayant passé une grande partie de sa vie dans les colonies américaines espagnoles, le père d'Acosta est le premier à envisager un passage de l'Ancien Monde à l'Amérique du Nord.

(20) TOPSELL Edward (vers 1572-1638), *The History of Four-Footed Beastes and Serpents Describing at Large Their True and Lively Figure, their Several names, Conditions, Kinds, Virtues...*, 1607, réédité en 1658, *The History of Serpents*, 1608.
Auteur anglais ayant travaillé essentiellement par compilation, mélangeant souvent réalité et imaginaire.

(21) PURCHAS Samuel (1575 ? -1626), *Hakluytus Posthumus or Purchas his Pilgrims,* 1625.

Dans son ouvrage, l'auteur reprend les notes recueillies par *Richard Hakluytus* sur les aventures du corsaire écossais *Andrew Battle*, parti en Afrique au service de l'Espagne. Un temps prisonnier des Portugais, Andrew Battle séjourna longtemps en Angola et au Congo parmi les populations africaines (1559). C'est la première fois que le gorille et le chimpanzé sont décrits.

(22) MOQUET Jean (1575-1612), *Voyages en Afrique, Asie, Indes Orientales et Occidentales* 1617.

Proche d'Henri IV, puis de Louis XIII, auxquels il rapportait de ses voyages des récits et des objets exotiques, Jean Moquet devint garde du Cabinet des Singularités du Roi. Il se rendit dans plusieurs pays d'Afrique et du Moyen-Orient, et en Amérique, où il accompagna le Sir de La Ravardière au Brésil et en Guyane en 1604.

(23) PYRARD François (de Laval, 1578-1623), *Discours du voyage des François aux Indes orientales, ensemble des divers accidents, adventures et dangers de l'autheur en plusieurs royaumes des Indes,* etc. *Traité et Description des animaux, arbres et fruits des Indes,* etc.*, plus un bref avertissement et advis pour-ceux qui entreprennent le voyage des Indes,* 1611 & 1619.

Pyrard fut l'un des premiers Français à atteindre les Indes.

(24) BERGERON Pierre (? - ?), *Voyages des François aux Indes orientales, Maldives, Moluques et au Brésil, depuis 1601 jusqu'en 1611,* 1615.

Cet auteur s'est basé sur la documentation acquise par François Pyrard.

(25) FABRI DE PEIRESC Nicolas-Claude (1580-1637).

Cet érudit de l'époque baroque, membre du parlement de Provence, a laissé de nombreuses lettres (citation par Buffon à propos de l'anthropoïde *baris* observé en Guinée par Noël Natalis).

(26) DE LAËT D'ANVERS Jean (1581-1649), *Histoire du Nouveau Monde ou Description des Indes Occidentales.* Edition originale en hollandais, 1625. Edition française, 1640.

Jean de Laët, géographe de formation, était directeur de la Compagnie hollandaise des Indes occidentales. C'est à ce titre que, basé en Hollande, il reçut de nombreuses informations venant des navigateurs, voyageurs et commerçants fréquentant le port d'Anvers. C'est lui qui recommanda Marcgrave pour l'exploration du Brésil.

(27) BONTIUS Jacobus (Jacques de Bondt, 1592-1631), *Historiae naturalis et medicae Indiae orientalis,* édition *post mortem*, 1658.
Médecin hollandais, en poste à Batavia (Java) de 1626 jusqu'à sa mort en 1631. Bondt donne la première description d'un orang-outang.

(28) TULP Nicolaes (Tulpius, né Claes Pieterszoon, 1593-1674), *Observationes Medicae,* 1641.
Médecin hollandais ayant donné la description du premier orang-outang arrivé en Europe.

(29) DE ACUÑA Cristobal [père d'Acuña] (1597-1675), *Nuevo descubrimiento del gran rio de las Amazonas,* 1641.
Missionnaire jésuite espagnol, d'Acuña fut l'un des premiers explorateurs de l'Amazone. C'est lui qui signala la jonction entre le Rio Negro et l'Orénoque.

(30) MARCGRAVE Georg (Marggraf, 1610-1644).
Botaniste et scientifique allemand, engagé par la Hollande pour explorer le Brésil en 1638. Margrave mourut en Afrique en 1644, au cours de son voyage de retour vers l'Europe, mais ses notes furent publiées par Willem Piso. Margrave fut considéré comme l'un des naturalistes les plus talentueux de son époque.

(31) BOYER Paul (? - ?), *Véritable relation de tout ce qui s'est fait & passé au voyage que Mr de Bretigny fit à l'Amérique Occidentale,* 1654.
Ce récit relate l'une des premières tentatives d'établissement des Français en Guyane, en 1643. L'auteur y consacre un court chapitre sur la faune locale, principalement sur les usages culinaires que l'on peut en faire.

(32) DE LAON, SIEUR D'AIGREMONT (? - ?), *Relation du Voyage des François fait au Cap Nord en Amérique,* ed. 1654.
De Laon était l'un des gentilshommes (ingénieur du roi et officier) faisant partie de l'expédition des douze seigneurs normands partis fonder une colonie à Cayenne en 1652, après celle de Brétigny. (cf. Antoine Biet qui faisait partie de cette même expédition).

(33) BIET Antoine (? - ?), *Voyage de la France Equinoxiale en l'Isle de Cayenne entrepris par les François en 1652*, éd. 1664.
Antoine Biet, ecclésiastique, accompagnait l'expédition dite « des douze Seigneurs », gentilshommes normands qui s'étaient associés pour créer une colonie à Cayenne. Cette expédition fut anéantie par les luttes de pouvoir et les conflits avec les Amérindiens Galibis (*cf.* de Laon qui faisait partie de cette même expédition).

(34) DE ROCHEFORT Charles (1605-1683), *Histoire Naturelle et Morale des Iles Antilles de l'Amérique,* 1663 & 1681.
Prêtre protestant ayant vécu aux Antilles ; accusé de plagiat par du Tertre pour une partie de ses informations.

(35) DU TERTRE Jean Baptiste (1610-1687), *Histoire Générale des Iles des Christophes de la Guadeloupe de la Martinique et autres dans l'Amérique,* 1654.
Prêtre catholique ayant vécu aux Antilles, Jean Baptiste du Tertre donne quelques indications sur les faunes locales.

(36) PISO Willem (1611-1678), *Historia Naturalis Brasiliae,* 8 volumes, 1648.
Médecin et naturaliste hollandais, explorateur du Brésil, Willem Piso fut chargé par le gouverneur général de la colonie hollandaise du Brésil de coordonner une équipe de scientifiques et de peintres. Il publia les données de Georg Marcgrave (membre de cette expédition), mort en Afrique lors de son retour vers l'Europe.

(37) PERRAULT Claude (1613-1688), *Mémoires pour servir à l'histoire naturelle des animaux (Mémoires de l'Académie royale des sciences 1666 & 1669 ; 1758).*
Frère du célèbre écrivain Charles Perrault, Claude Perrault était architecte, médecin et anatomiste. Il organisa la dissection de l'éléphant mort à Versailles en 1681.

(38) LE FEBVRE DE LA BARRE Joseph Antoine (1622-1688), *Description de la France Equinoctiale, cy-devant appellée Guyane, et par les Espagnols, El Dorado,* 1666.
De La Barre fut gouverneur de la Guyane entre 1664 et 1665.

(39) DAPPERT Olfert (1635 ? -1689), *Description de l'Afrique contenant les Noms, la Situation & les Confins de toutes ses Parties, leurs Rivières, leurs Villes & leurs Habitants, leurs Plantes & leurs Animaux ; les Mœurs, les Coutumes, la Langue, les Richesses, la Religion & le Gouvernement de ses Peuples.*
Cette compilation, faite par Dappert, géographe hollandais, a été publiée en Flamand en 1670, et traduite en français en 1686.

(40) LEGUAT François (1637–1735), *Voyage et Aventures de François Leguat et de ses Compagnons en deux Isles désertes des Indes Orientales, Vol. 1 et 2,* 1708.
François Leguat, Huguenot français fuyant les répressions, partit en 1690 de Hollande vers l'océan Indien. Il fut abandonné avec huit de ses compagnons sur un ilot désert (île Rodriguez dans les Mascaraignes) d'où il put joindre l'île Maurice. Il séjourna ensuite à Java avant de revenir en Angleterre. Naturaliste, il donne de très bonnes descriptions des îles et terres qu'il a fréquentées, ainsi que de leurs faunes.

(41) SCHOUTEN Gautier [Wouter Schouten] (1638-1704), *Voyage de Gauthier Schouten aux Indes Orientales, commencé l'an 1658 & fini l'an 1665,* 1707, 1725, traduction de 1676.
Ce chirurgien naturaliste hollandais a voyagé pendant six années en Asie du sud-est.

(42) OXMELIN Alexandre-Olivier [Oexmelin] (1645-vers 1707), *Histoire des Avanturiers Flibustiers qui se sont signalez dans les Indes, contenant ce qu'ils ont fait de Remarquable depuis vingt Années,* 1649.
Ce médecin français séjourna aux Antilles à partir de 1666 et fréquenta rapidement les flibustiers de l'île de la Tortue, avec qui il vécut pendant un temps.

(44) MERIAN Maria Sybilla (1647-1717), *Metamorphosis insectorum surinamensis,* 1705.
Cette artiste hollandaise d'origine allemande séjourna au Surinam entre 1699 et 1701. Ses œuvres sont inspirées par les animaux et les plantes, présentés selon des compositions artistiques devenues célèbres.

(45) TYSON Edward (1650-1708), *Orang-outang, sive Homo Sylvestris ; or the Anatomy of a Pygmie compared with that of a Monkey, an Ape, and a Man,* 1699. *The anatomy of a Male Opossum,* 1704.
Médecin et anatomiste anglais, Tyson est considéré comme l'un des fondateurs de l'anatomie comparée. Il a réalisé la première dissection d'un chimpanzé avec William Cowper.

(46) DAMPIER William (1651-1715), *A New Voyage Round the World* (1697) *; Nouveau Voyage Autour du Monde,* 1701.
Anglais, William Dampier fut à la fois boucanier, navigateur explorateur et observateur scientifique.

(47) LE CONTE Louis (1655-1729), *Nouveaux Mémoires sur l'Etat Présent de la Chine,* 1647.
Mathématicien et jésuite, le Conte donne, entre autres, des informations sur les faunes qu'il a pu observer au cours de ses voyages. Il donne une bonne description du comportement de l'orang-outang.

(48) VAN BERKEL Adriaan (? - ?), *Amerikaanche Voyagien naar Rio de Berbice en Suriname,* 1695.
Voyageur et écrivain néerlandais, Adriaan van Berkel a séjourné dans les Guyanes hollandaises et anglaises entre 1670 et 1689.

(49) VALENTIN François (1656-1727), *Oud en Nieuw Oost-Indiën vervattende een naaukeurige en uitvoerige verhandelinge van Nederlands mogentheyd in die gewesten,* 1724 à 1726.
François Valentin est un naturaliste hollandais qui a exploré une grande partie de l'Asie du sud-est. Ses informations sur la faune ont été utilisées et analysées de façon très critique par Buffon.

(50) LABAT Jean-Baptiste [père Labat] (1663-1738), *Nouveau Voyage aux Isles de l'Amerique, contenant l'Histoire Naturelle de ces Pays, l'Origine, les Mœurs, la Religion & le Gouvernement des Habitants anciens & modernes. Les Guerres & les Evenemens singuliers ...,* 1722 *; Nouvelle Relation de l'Afrique Occidentale contenant une description exacte du Sénégal & des Pays situés entre le Cap Blanc et la Rivière de Serre Lionne ...,* 1728 *; Voyage du Chevalier Des Marchais en Guinée et Isles Voisines et a Cayenne, fait en 1725, 1726 & 1727...,* 1730.
Ce missionnaire dominicain naturaliste a séjourné aux Antilles une douzaine d'années pendant lesquelles il a pris de nombreuses notes. Ses

ouvrages concernant l'Afrique sont écrits à partir de notes prises par ses confrères.

(51) SEBA Albertus (1665-1736), *Thesaurus et Locupletissimi rerum naturalium,* 1734.
Riche pharmacien et zoologiste hollandais établi à Amsterdam, Albertus Seba constitua l'une des plus belles collections d'histoire naturelle de son époque. Plus collectionneur que naturaliste, il privilégiait la présentation graphique des animaux selon des compositions artistiques assez surprenantes. Son œuvre se situe entre la science et l'art. Une partie de ses collections fut reprise par Arnout Vosmaër qui publia les deux derniers tomes du *Thesaurus*.

(52) COWPER William (vers 1666-1709). Célèbre anatomiste anglais qui, entre autres, a coopéré, avec Tyson, à la première dissection d'un chimpanzé.

(53) BOSMAN Willem (1672- ?), *Voyage en Guinée,* 1705.
Ce voyageur hollandais, représentant de la compagnie hollandaise des Indes occidentales en Côte d'Or (actuel Ghana), séjourna en Afrique entre 1688 et 1702. Il donne de nombreuses descriptions du pays, dont certaines sur la faune.

(54) FROGER François (1676 - ?), *Relation d'un Voyage fait en 1695. 1696. & 1697 aux Côtes d'Afrique, Détroit de Magellan, Brezil, Cayenne & Isles Antilles, par une Escadre des Vaisseaux du Roy, commandée par M. de Genne. Faite par le sieur Froger, Ingénieur volontaire sur le Vaisseau Le Faucon Anglais,* 1698.
Embarqué à La Rochelle à l'âge de 19 ans, ce jeune ingénieur hydrographe et cartographe a noté un grand nombre d'observations, dont certaines sur les faunes rencontrées au cours de ce long voyage.

(55) ANONYME. *The Travels of three English Gentlemen, from Venice to Hamburgh,* 1734.
Ce roman, popularisant les récits sur les sorciers des Balkans, localement nommés vampires, serait à l'origine de l'utilisation de ce terme par Buffon pour nommer les chauves-souris hématophages.

(56) GUMILLA Joseph (1686-1750) *Histoire Naturelle, Civile et Géographique de l'Orénoque, et des principales rivières qui s'y jettent,* 1741, traduction française en 1758.
Ce missionnaire jésuite espagnol passa 35 ans de sa vie dans la région de l'Orénoque. Les informations qu'il rapporte concernent surtout l'ethnologie, mais aussi la faune locale.

(57) BARRERE Pierre (1690-1755), *Essai sur l'Histoire Naturelle de la France Equinoxiale,* 1741 ; *Nouvelle Relation de la France Equinoxiale,* 1743.
Pierre Barrère était médecin botaniste du roi à Cayenne et correspondant de l'Académie des Sciences, puis professeur à la faculté de médecine de Perpignan.

(58) LE GENTIL DE LA BARBINAIS (1692-1731) *Nouveau Voyage autour du Monde,* 1728, 3 volumes.
Ce voyageur donne de nombreuses descriptions des pays où il a abordé.

(59) ARNAULT DE NOBLEVILLE Louis Daniel (1701–1778), *Histoire Naturelle des Animaux,* 1757.
Cet ouvrage, écrit en collaboration avec François Salerne, fait le point sur les connaissances de l'époque, autant sur l'aspect zoologique des divers mammifères passés en revue que sur les applications thérapeutiques qui en étaient retirées.

(60) DE LA CONDAMINE Charles Marie (1701-1774), *Relation abrégée d'un voyage fait dans l'intérieur de l'Amérique méridionale depuis la côte de la mer du Sud jusqu'aux côtes du Brésil et de la Guyane, en descendant la rivière des Amazones,* 1745.
Cet explorateur et scientifique français participa à l'expédition menée au Pérou pour la mesure du méridien terrestre. Son retour se fit en descendant l'Amazone, puis un passage par la Guyane. Il décrivit, entre autres, le caoutchouc et l'arbre produisant la quinine.

(61) BELLIN Jacques Nicolas (1703-1772), *Description Géographique de la Guyane,* 1763.
Géographe, Bellin fut envoyé en Guyane pour en établir la carte.

(62) SALERNE François (1705-1760), *Histoire Naturelle des Animaux,* 1757.
Ouvrage écrit en collaboration avec Arnault de Nobleville. Médecin naturaliste, François Salerne était surtout spécialisé en ornithologie.

(63) PARSONS James (1705-1770) Médecin naturaliste, peintre, auteur d'un célèbre portrait de rhinocéros.

(64) VON LINNE [LINNAEUS] Carl (1707-1778), *Systema Naturae per Regna Naturae secundum Classes, Ordines, Genera, Species, cum Caracterribus, Differentiis Synonymis Locis* (Système de la Nature, par Règnes Naturels, selon les Classes, Ordres, Genres, Espèces, avec les Caractéristiques, Différents Synonymes, Lieux). Treize éditions se sont succédé, la première en 1735 et la dernière en 1770).
L'œuvre de Linné, naturaliste suédois, appuyée sur les travaux de nombreux collaborateurs, a jeté les bases de la systématique moderne binominale (un seul nom pour le genre, et un seul nom pour l'espèce).

(65) LECLERC DE BUFFON Georges-Louis (1707-1788), *Histoire naturelle, générale et particulière, avec la description du Cabinet du Roy.* Immense œuvre basée sur de nombreuses collaborations, composée de 36 volumes publiés entre 1749 et 1789.
Les travaux de Buffon furent traduits en anglais, allemand et espagnol, et une grande partie d'entre eux furent réédités plusieurs décennies après sa mort. Buffon, surnommé par ses contemporains le « Pline moderne » a dominé la zoologie de la seconde moitié du XVIIIe siècle, en Europe et dans le monde. Il a également été novateur dans les domaines de la géologie et de la paléontologie avec les ouvrages *La Théorie de la terre* (1749) et *Les Epoques de la Nature* (1780), qui lui attirèrent des ennuis avec l'Eglise. Buffon a dirigé et développé le Jardin du Roi (actuel Muséum national d'histoire naturelle) jusqu'à sa mort.

(66) DE SEVE Jacques (? - ?).
Peintre et graveur célèbre ayant réalisé la majeure partie des illustrations de Buffon entre 1742 et 1788.

(67) Abbé SAURI (? - ?), *Précis d'Histoire Naturelle (1779).*
L'abbé Sauri était médecin et correspondant de l'Académie royale de Montpellier. Ses écrits sont basés sur la compilation d'œuvres de son époque, ainsi que d'œuvres antérieures.

(68) DAUBENTON Louis Jean-Marie (1716-1799), Célèbre anatomiste, auteur de très nombreuses publications scientifiques ; collaborateur important de *l'Encyclopédie ou Dictionnaire Raisonné des Arts, des Sciences et des Métiers (éditée sous la*

direction de Diderot et d'Alembert entre 1751 et 1772), mais aussi dans *l'Encyclopédie Méthodique,* éditée entre 1782 et 1832.
Ami d'enfance de Buffon, Daubenton collabora longtemps avec ce dernier au Jardin du Roi (devenu Muséum national d'histoire naturelle à partir de la Révolution).

(69) HOUTTUYN Martinus (1720-1798), *Natuurlyke Historie of fuitvoerige beschryving der dieren, planten en mineraalen volgens het samenstel van den heer Linnaeus,* 1761.
Naturaliste hollandais (description de l'orang-outang).

(70) VOSMAËR Arnout (1720-1799), *Regnum Animale,* 1766 ; *Description de l'Espèce de Singe aussi singulier que très rare, nommé Orang-Outang, de l'Isle de Borneo. Apporté vivant dans la Ménagerie de Son Altesse Sérénissime, Monseigneur le Prince d'Orange et de Nassau, Stadhouder Héréditaire, Gouverneur, Capitaine Général et Amiral des Provinces-Unies des Pais-Bas, Etc., Etc., Etc., Amsterdam,* 1778.
Naturaliste hollandais, Vosmaër fut responsable du cabinet de curiosités du prince d'Orange à Amsterdam, succédant ainsi au célèbre collectionneur Seba.

(71) CAMPER Petrus (1722-1789), *Dissertation Physique de Mr Pierre Camper sur les différences réelles que présentent les traits du visage chez les hommes de différents pays et de différents âges ; sur le beau qui caractérise les statues antiques et les pierres gravées,* 1741.
Anatomiste et médecin hollandais, inventeur de la mesure de l'angle facial.

(72) Abbé SPALLANZANI Lazzaro (1727-1799), *Opuscules de Physique Animale et Végétale,* 1777 ; *Œuvres de M. l'Abbé Spallanzani, Expériences pour servir à l'Histoire de la Génération des Animaux et des Plantes,* 1787.
Ce célèbre scientifique italien est connu, entre autres, pour ses travaux sur la fécondation, la digestion, la respiration, etc. mais aussi sur le rôle de l'ouïe dans le vol des chauves-souris (en collaboration avec Jurine).

(73) VALMONT DE BOMARE Jacques-Christophe (1731-1807), *Dictionnaire Raisonné et Universel d'Histoire Naturelle, 5 volumes,* 1764.
Scientifique contemporain de Buffon, Valmont de Bomare édita son premier dictionnaire en 1764, suivi de plusieurs nouvelles éditions, jusqu'en 1800.

(74) HOUËL Jean-Pierre (1735-1813), *Histoire naturelle des deux Eléphants mâle et femelle du Muséum de Paris, venus de Hollande en France en l'an VI,* 1798.
Peintre célèbre, connu en particulier pour son tableau *Prise de la Bastille,* Jean Pierre Houël s'était particulièrement intéressé aux deux éléphants rapportés de Hollande par les armées révolutionnaires.

(75) BAJON Bertrand (1739- après 1790), *Mémoires pour servir à l'Histoire de Cayenne, et de la Guyane Françoise,* 1778.
Chirurgien Major de Guyane et Correspondant de l'Académie des Sciences, Bajon s'est intéressé à la faune de Guyane, en particulier au tapir. Il a séjourné 12 ans à Cayenne entre 1764 et 1776.

(76) VON SCHREBER Johann Chritian Daniel (1739-1810), *Die Saugthiere in Abbildungen nach der Natur mit Beschreibungen,* 1774.
Scientifique allemand, élève de Linné, Schreber a rédigé un ouvrage sur les mammifères du monde. La qualité de ses gravures est souvent fantaisiste, dépendant souvent de l'imagination des artistes auxquels il s'adressait.

(77) VON WURMP [WURUMP] Friedrich (1742-1781), *Beschryving van de groote Borneoosche Orang Outang of de oost-indische Pongo,* 1784.
Ce naturaliste allemand, établi à Batavia, décrivit pour la première fois le squelette d'un orang-outang adulte.

(78) DE LAMARCK Jean-Baptiste (1744-1829), *Philosophie zoologique ou Exposition des considérations relatives à l'histoire naturelle des Animaux ; à la diversité de leur organisation et des facultés qu'ils en obtiennent ; aux causes physiques qui maintiennent en eux la vie et donnent lieu aux mouvements qu'ils exécutent ; enfin, à celles qui produisent, les unes le sentiment, et les autres l'intelligence de ceux qui en sont doué,* 1809.
Lamarck est le fondateur de la théorie du transformisme, sur l'évolution des animaux, théorie reprise cinquante ans plus tard par Darwin, qui y a ajouté la sélection naturelle. Lamarck introduisit l'usage des clefs dichotomiques pour l'identification des plantes ; il participa à la transformation du Jardin du Roi en *Muséum National d'Histoire Naturelle* après la Révolution française.

(79) STEDMAN John Gabriel (1744-1797), *Voyage à Surinam et dans l'intérieur de la Guyane, Edition française, 1796 et 1813.*
Officier écossais d'origine hollandaise, parti au Surinam pour combattre les esclaves révoltés, Stedman a décrit les mœurs du pays, la géographie et la faune. Ses écrits sont en faveur de la libération des esclaves.

(80) D'AZARA Félix (1746-1821), *Essais sur l'Histoire Naturelle des Quadrupèdes de la Province de Paragyay,* 1801, traduit de l'Espagnol par Moreau-Saint-Mery.
Militaire et naturaliste, Felix d'Azara a passé vingt années dans les provinces espagnoles d'Amérique du Sud.

(81) VICQ-D'AZYR Félix (1748-1794), *Encyclopédie Méthodique, Système Anatomique Quadrupèdes,* 1742.
Médecin et célèbre anatomiste français, il fut l'un des précurseurs de l'anatomie comparée.

(82) BRUMAULD DE BEAUREGARD Jean (1749-1841), *Mémoires de Mgr J. Brumauld de Beauregard, Evêque d'Orléans,* 1842.
Cet ecclésiastique réfractaire fut déporté en Guyane sous la Révolution française, entre 1798 et 1800. Il donne un certain nombre d'informations intéressantes sur la Guyane de l'époque.

(83) JURINE Charles (1751-1819)
Scientifique suisse, expérimentateur, qui collabora avec Spallanzani sur le vol des chauves-souris dans l'obscurité. Ses expériences sont à la base de la découverte de l'écholocation.

(84) PRUDHOMME Louis Marie (1752-1830), *Voyage à la Guyane et à Cayenne fait en 1789 et Années suivantes,* 1797.
Ce journaliste rapporte les informations provenant d'un voyageur anonyme ayant vécu en Guyane, en particulier certaines anecdotes concernant la faune.

(85) BLUMENBACH Johann Friedrich (1752-1840), *De Generis Humani Varietate Nativa,* 1775, 1795. *The Antropological Treatises of Blumenbach and Hunter,* 1865.
Scientifique allemand ayant étudié l'anatomie et la classification des Primates et de l'Homme. Blumenbach fut également l'un des premiers à étudier l'anatomie de l'ornithorynque.

(86) CLARIS DE FLORIAN Jean-Pierre (1755-1794), *La Mère, l'Enfant et les Sarigues,* 1792.
Florian fut un fabuliste très célèbre de la fin du XVIIIe siècle.

(87) FORTIA D'URBAN Agricol-Joseph [Marquis de Fortia] (1756–1843), *L'Art de Vérifier les Dates depuis l'année 1770 jusqu'à nos jours, T 15, Guyane,* 1834.
Historien français qui participa largement à cette collection publiée en 16 volumes.

(88) AUDEBERT Jean Baptiste (1759-1800), *Histoire naturelle des singes, des makis, etc.,* 1800.
Naturaliste, illustrateur et graveur français ayant travaillé en collaboration avec ses collègues du Muséum.

(89) CUVIER Georges (1769-1832), *Le Règne animal distribué d'après son organisation, pour servir de base à l'histoire naturelle des animaux et d'introduction à l'anatomie comparée,* 1817.
Célèbre anatomiste français, professeur au Muséum national d'histoire naturelle, Cuvier fut l'un des fondateurs de l'anatomie comparée et de la paléontologie. Il se rendit célèbre lors de l'exhumation et de l'étude de la sarigue (marsupial) extraite des gypses de la région parisienne. Fixiste, il s'opposa aux idées évolutionnistes de Lamarck.

(90) GEOFFROY SAINT-HILAIRE Etienne (1772-1844), *Cours de l'Histoire Naturelle des Mammifères,* 1829.
Professeur au Muséum national d'histoire naturelle, célèbre zoologiste, E. Geoffroy Saint-Hilaire contribua à la modernisation de la classification des mammifères. Il participa à la campagne d'Egypte de Bonaparte. C'est

lui qui fut chargé de conduire la girafe, offerte à Charles X par le pacha d'Egypte, de Marseille à Paris.

(91) DUMERIL Constant (1774-1860), *Traité Elémentaire d'Histoire Naturelle,* 1807.
Professeur au Muséum national d'histoire naturelle de Paris.

(92) ILLIGER Johann Karl Wilhelm (1775-1813), *Prodromus Systematis Mammalium et Avium,* 1811.
Naturaliste allemand ayant contribué, entre autres, à la systématique des mammifères.

(93) NOYER J.A.A. (? - ?), *Mémoire sur la Guyane Française,* adressé en 1819, publié en 1824.
J.A.A. Noyer était colon et député de Guyane.

(94) DUCROTAY DE BLAINVILLE Henri-Marie (1777-1850), *Ostéographie ou description iconographique comparée du squelette et du système dentaire des mammifères récents et fossiles,* 1839-1864.
Zoologiste français, professeur au Muséum, membre de l'Académie des Sciences. Il étudia l'anatomie des mammifères vivants et fossiles.

(95) DE NEU-WIED prince Maximilien (1782-1867), *Beiträge zur Naturgeschte Brasiliens,* 1824.
Ce naturaliste ethnologue explorateur allemand a beaucoup contribué à la connaissance du Brésil.

(96) LESSON René Primevère (1794-1849), *Mœurs, Instincts et Singularités de la vie des Animaux Mammifères,* 1842.
Naturaliste français.

(97) GUERIN MENEVILLE Félix-Edouard (1799-1874), Scientifique français ayant dirigé la publication du *Dictionnaire Pittoresque d'Histoire Naturelle et des phénomènes de la Nature.*
Guérin est surtout connu pour ses travaux d'entomologie.

(98) JARDINE William (1800-1874), *The Naturalist's Library, Mammalia vol V,* 1836.
Ce scientifique britannique publia cette immense collection (39 volumes).

(99) CHAMBERS Robert (1802-1871), *Vestiges of the Natural History of Creation,* 1844.
Cet ouvrage, précurseur des idées évolutionnistes de Darwin, fut publié anonymement et provoqua de nombreux débats. Célèbre scientifique britannique, Chambers est également connu pour ses travaux de géologie.

(100) OWEN Richard (1804-1892), *Paleontology or a Systematic Summary of Extinct Animals and their Geographical Relations,* 1860.
Célèbre anatomiste anglais, créateur du terme dinosaure, Owen combattit les idées de Darwin. Connu pour ses travaux sur les Primates, il tenta de publier la description du gorille avant ses collègues américains Savage et Wyman, mais il fut devancé de deux mois par ces derniers.

(101) STAUGHTON SAVAGE Thomas (1804-1880), *Communication describing the external character and habits of a new species of Troglodytes (T. gorilla),* 1847.
Missionnaire et naturaliste américain envoyé au Liberia, T. S. Savage a examiné et décrit les restes d'un gorille qui lui avaient été envoyés du Gabon. Il le décrivit en collaboration avec le zoologiste américain Jeffries Wyman.

(102) GEOFFROY SAINT-HILAIRE Isidore (1805-1861), fils de Etienne Geoffroy Saint-Hilaire, Isidore prit la succession de son père au Muséum national d'histoire naturelle. Il apporta de nombreuses contributions à l'avancement de la zoologie, en particulier à la systématique des mammifères.

(103) DESSALINES D'ORBIGNY Charles Henry (1806-1876), *Dictionnaire Universel d'Histoire Naturelle, 14 tomes,* 1841–1849, seconde édition, 1861.
Botaniste et géologue, Orbigny débuta sa carrière au Muséum national d'histoire naturelle de Paris avant de diriger l'édition de ce dictionnaire. Il s'appuya sur la communauté scientifique française de son époque.

(104) GROS Jules (1809-1891), *Les Français en Guyane,* 1887.
Ouvrage adopté par le ministère de l'Instruction publique pour les bibliothèques scolaires, ainsi que par le ministère de la Marine et par la Ville de Paris. Journaliste, Jules Gros fonda en 1886 la *République Indépendante de Guyane* dans le territoire contesté de Counani, situé entre la Guyane actuelle et le Brésil ; mais son entreprise échoua.

(105) DARWIN Charles (1809-1882), *L'Origine des Espèces,* 1859.
Fondateur de la théorie de l'évolution, actuellement appelée néodarwinisme. De très nombreux ouvrages et analyses sont consacrés à l'œuvre de Darwin.

(106) DELEGORGUE Louis-Adulphe (1814-1850), *Voyage dans l'Afrique Australe, notamment dans le territoire de Natal, dans celui des Cafres Amazoulous et Makatisses et jusqu'au tropique du Capricorne,* 1847.
Chasseur professionnel, Adulphe Delegorgue parcourut l'Afrique du Sud, en particulier certaines régions qui n'étaient pas encore colonisées par les Européens. Féru d'histoire naturelle, il collabora avec plusieurs musées qu'il pourvut en spécimens de gros mammifères.

(107) WYMAN Jeffries (1814-1874).
Anatomiste américain du *Medical School of Harvard* ayant participé, en collaboration avec Savage, à la description du gorille.

(108) GERVAIS François Louis Paul (1816-1879), *Zoologie et Paléontologie Françaises, les animaux fossiles et vivants de la France* (1848–1852). *Les Mammifères (in Histoire Naturelle des Mammifères, Les trois règnes de la Nature,* 1854–1860. *Histoire Naturelle des Mammifères,* 1855.
Professeur à Montpellier puis au Muséum national d'histoire naturelle, Paul Gervais était spécialiste des vertébrés fossiles et actuels.

(109) WALLACE Alfred Russel (1823-1913), *Contributions to the Theory of Natural Selection, 1870,* traduction française en 1872 sous *'La Selection Naturelle'; The Geographical Distribution of Animals,* 1876.
Ce naturaliste voyageur anglais développa des idées très voisines de celles de Darwin sur l'évolution des espèces. Il fut également l'un des pionniers de la biogéographie (ligne Wallace en Asie du sud-est).

(110) HUXLEY Thomas (1825-1895), *Man's Place in Nature,* 1863.
Défenseur de Darwin, Huxley s'opposa en particulier à Owen.

(111) BELLONI DU CHAILLU Paul (1831-1903), *Explorations and Adventures in Equatorial Africa with accounts of the manners and customs of the people, and of the chase of the gorilla, the crocodile, the leopard, elephant, hipopotamus and other animals,* 1861 ; *Stories of the Gorilla Country,* 1868.
Aventurier et écrivain franco-américain, Paul du Chaillu explora le Gabon et le Moyen Congo entre 1850 et 1865.

(112) HECKEL Ernst (1834-1919), *Kunstformen der Natur (Les formes d'art de la Nature),* 1904.
Ce biologiste, philosophe et artiste dessinateur allemand est connu, entre autres, pour avoir divulgué les idées de Darwin en Allemagne.

(113) DELTEIL M. A. (? - ?), *Voyage chez les Indiens Galibis de la Guyane,* 1886.
Récit d'un voyage à but naturaliste, réalisé en 1865.

(114) COUPIN Henri (1868–1937), *Singes et Singeries,* 1907.
Cet ancien universitaire s'était fait une spécialisation dans la vulgarisation scientifique.

(115) GRIFFIN Donald (1915-2003), *Listening in the dark,* 1958.
Ce scientifique américain décrivit, avec son collègue Robert Galambos, l'écholocation chez les chauves-souris.

Dictionnaires et encyclopédies

(116) *Encyclopédie ou Dictionnaire Raisonné des Sciences des Arts et des Métiers*, par une société de gens de lettres, dirigée par Denis Diderot et D'Alembert.
Rédigé en 21 ans, entre 1751 et 1772, cet ouvrage, qui comprend 17 volumes de texte et 11 de planches, mobilisa un grand nombre de contributeurs parmi les plus célèbres du siècle des lumières. Sa publication se heurta à de fortes oppositions politiques et religieuses. A l'origine, cet ouvrage ne devait être qu'une traduction de la *Cyclopaedia or Universal Dictionary of Arts and Sciences* publié en 1728 par Ephraïm Chambers (deux volumes).

(117) *Dictionnaire Universel des drogues*, 1759, de Nicolas Lemery.
Ce dictionnaire donne quelques indications sur l'utilisation d'animaux.

(118) *Dictionnaire Raisonné Universel d'Histoire Naturelle*, 1764, de Valmont de Bomare, 5 volumes.

(119) *Encyclopédie Méthodique* (dite de Panckoucke).
Cette encyclopédie, destinée à compléter celle de Diderot, publia de très nombreux volumes (210) entre 1782 et 1832, entre autres L'*Histoire Naturelle des Animaux,* 1782. Plus d'un millier d'auteurs participèrent à cette collection.

(120) *Nouveau Dictionnaire d'Histoire Naturelle Appliquée aux Arts, à l'Agriculture, à l'Economie Rurale et Domestique, à la Médecine*, etc., 1816-1819, nouvelle édition en 36 tomes.

(121) *Dictionnaire Pittoresque d'Histoire Naturelle et des phénomènes de la Nature*. Neuf tomes publiés entre 1833 et 1840, sous la direction de F. E. Guérin, Paris.

(122) *Dictionnaire Universel d'Histoire Naturelle*, 14 tomes, 1841–1849, seconde édition, 1861. Dirigé par d'Orbigny.

(123) *Dictionnaire Général des Sciences Théoriques et Appliquées*, première édition en 1870. Deux volumes sous la direction d'Augustin Privat-Deschanel et Adolphe Jean Focillon, Paris. Plusieurs rééditions jusqu'au début du XXe siècle.

(124) *Beeton's Dictionary of Natural History*, 1871, London.

Notes

[1] Les truchements étaient de jeunes Européens laissés enfants parmi les autochtones pour apprendre leur langue, puis servir d'interprètes.

[2] En fait Aristote combat cette idée, avancée par des philosophes plus anciens, et Pline ne fait que soulever la question, sans se prononcer.

[3] Ce passage a été édité en 1775, alors que 22 ans plus tôt, en 1753, Buffon exposait des idées beaucoup plus conformes aux dogmes de l'Eglise :

> « Il est certain par la Révélation que tous les animaux ont participé à la grâce de la création, que les deux premiers de chaque espèce, sont sortis tout formés des mains du Créateur, et l'on doit croire qu'ils étaient tels alors à peu près qu'ils nous sont aujourd'hui représentés par leurs descendants. »

Cela montre à quel point la pensée de Buffon a pu évoluer, en même temps que se développaient les sciences de son époque.

[4] On devine ici les prémices d'une sélection naturelle faisant disparaître les espèces défavorisées.

[5] Quand Buffon utilise le terme *dénaturé*, c'est bien dans le sens de « changé de nature », et non pas dans le sens actuel de « dégénéré ».

[6] Le fait que certains groupes présentent de nombreuses espèces proches les unes des autres, à l'intérieur d'un même genre, comme par exemple chez certains passereaux, reptiles, insectes, etc. amenait Buffon à penser que leur morphologie pouvait plus facilement se « transformer », alors que les grands mammifères, dont les genres ne comportent qu'un petit nombre d'espèces, voire une seule, étaient considérés comme plus difficilement capables de se transformer avec le temps.

[7] Les scénarios de formation de la terre, qui devaient concilier à la fois les écrits de la bible et les découvertes des naturalistes (en particulier la présence de fossiles marins dans les montagnes) furent nombreuses, voici par exemple celle de l'écrivain et théologien anglais Thomas Burnet, publiée en 1681 *(Telluris theoria sacra)*, présentée et traduite dans une synthèse récapitulative écrite par Buffon :

> « … avant le déluge, la Terre avoit une forme très-différente de celle que nous lui voyons aujour-d'hui. C'étoit d'abord une masse fluide, un chaos composé de matières de toute espèce et de toute sorte de figures : les plus pesantes descendirent vers le centre, et formèrent au milieu du globe un corps dur et solide, autour duquel les eaux, plus légères, se rassemblèrent et enveloppèrent de tous côtés le globe intérieur ; l'air, et toutes les liqueurs plus légères que l'eau, la sumontèrent et l'enveloppèrent aussi dans toute la circonférence : ainsi entre l'orbe de l'air et celui de l'eau il se forma un orbe d'huile et de liqueur grasse plus légère que l'eau. Mais comme l'air étoit encore fort impur, et qu'il contenoit une très-grande quantité de petites particules de matières terrestres, peu à peu ces particules descendirent, tombèrent sur la couche d'huile, et formèrent un orbe terrrestre mêlé de limon et d'huile ; et ce fut là la première terre habitable et le premier séjour de l'homme. C'étoit un excellent terrain, une terre légère, grasse, et faite exprès pour se prêter à la foiblesse des premiers germes. La surface du globe terrestre étoit donc, dans ces premiers temps, égale,

uniforme, continue, sans montagnes, sans mers et sans inégalités. Mais la Terre ne demera qu'environ seize siècles dans cet état ; car la chaleur du Soleil, desséchant peu à peu cette croûte limoneuse, la fit fendre d'abord à la surface : bientôt ces fentes pénétrèrent plus avant, et s'augmentèrent si considérablement avec le temps, qu'enfin elles s'ouvrirent en entier ; dans un instant toute la Terre s'écroula et tomba par morceaux dans l'abime d'eau qu'elle contenoit : voila comme se fit le déluge universel.

Mais toutes ces masses de terre, en tombant dans l'abîme, entraînèrent une grande quantité d'air ; et elles se heurtèrent, se choquèrent, se divisèrent, s'accumulèrent si irrégulièrement, qu'elles laissèrent entre elles de grandes cavités remplies d'air. Les eaux s'ouvrirent peu à peu les chemins de ces cavités ; et à mesure qu'elles les remplissoient, la surface de la terre se découvroit dans les parties les plus élevées. Enfin il ne resta de l'eau que dans les parties les plus basses, c'est-à-dire dans les vastes vallées qui contiennent la mer : ainsi notre océan est une partie de l'ancien abîme ; le reste est entré dans les cavités intérieures avec lesquelles communique l'océan. Les iles et les écueils sont les petits fragments, les continents sont les grandes masses de l'ancienne croûte ; et comme la rupture et la chute de cette croûte se sont faites avec confusion, il n'est pas étonnant de trouver sur la Terre des éminences, des profondeurs, des plaines et des inégalités de toutes sortes. »

Les photographies sont de Pierre Charles-Dominique sauf page 79, de Cécile Richard-Hansen (ONCFS).

Environnement, Écologie et Développement aux éditions L'Harmattan

Dernières parutions

LES DÉCHETS ÇA SUFFIT
L'état des lieux
Exbalin Jacques - Préface de Greenpeace, Zero Waste France
Fondation GoodPlanet et Surfrider Fondation Europe
La lecture de ce livre nous fait prendre conscience des dégâts provoqués par les déchets plastiques en mer notamment sur la faune aquatique. Il amène ainsi à de nouveaux comportements à propos de l'achat ou de l'utilisation de produits en plastique. Ce livre salutaire écrit pas un enseignant doit être transmis aux générations futures pour renouveler les consciences et sauver notre planète.
(10.00 euros, 136 p.)
ISBN : 978-2-343-11587-0, ISBN EBOOK : 978-2-14-003483-1

LE CHANGEMENT CLIMATIQUE VA-T-IL TOUT CHANGER ?
Manifeste pour une République sociale, écologique et conviviale
Münster Arno
Le changement climatique, et ses conséquences dramatiques pour des millions d'habitants, peut-il ouvrir la voie à une transformation sociale radicale susceptible de faire advenir un monde non seulement habitable mais meilleur et plus juste ? Annonce-t-il déjà un véritable changement de civilisation signifiant la fin du productivisme, de la croissance, du consumérisme et du mode de vie actuel ? La raison ne nous invite-t-elle pas plutôt à repenser et à défendre, dans le contexte actuel de la crise écologique et de la montée dangereuse de l'extrême droite, une République laïque et fraternelle ?
(Coll. Questions contemporaines, 17.50 euros, 162 p.)
ISBN : 978-2-343-11705-8, ISBN EBOOK : 978-2-14-003492-3

BIOCONTÔLE EN PROTECTION DES CULTURES
Périmètre, succès, freins, espoirs
Coordonné par Jean-Louis Bernard
Les concepts « d'agriculture écologiquement intensive », puis « d'agroécologie » ont été récemment proposés au monde agricole français comme des orientations autour desquelles devait s'organiser le système de production alimentaire. Ces concepts font appel à des moyens utilisés par la nature et sont moins nocifs pour le milieu et la santé. Cet ouvrage propose donc une analyse détaillée du terme et des moyens utilisés par le biocontrôle, encore peu connu et mal maîtrisé par la société.
(22.00 euros, 206 p.)
ISBN : 978-2-343-11399-9, ISBN EBOOK : 978-2-14-003474-9

RÉFLEXIONS SUR UNE NOUVELLE ÈRE ÉCOLOGIQUE ET CITOYENNE
L'humanité face au miroir
Richaud Isabelle - Préface de R.K Pachauri
Nous sommes à l'aube d'une véritable crise de civilisation : bouleversement écologique, insatisfaction des besoins matériels d'une large part de l'humanité, dégradation du bien-être

physique et mental, etc. Il est temps de nous attaquer aux causes fondamentales de cette crise, à commencer par des modes de vie dispendieux en ressources naturelles, ainsi qu'une conception étriquée de l'économie de la nature humaine. Une nouvelle ère plus écologique, moins matérialiste, est à portée de main, si nous cessons de prendre pour vrai le reflet du miroir déformant de la société de surconsommation.
(Coll. Biologie, écologie, agronomie, 32.00 euros, 394 p.)
ISBN : 978-2-343-11696-9, ISBN EBOOK : 978-2-14-003353-7

REFLECTIONS ON A SUSTAINABLE SOCIETY
Humanity in the mirror
Richaud Isabelle
We are on the verge of a true crisis of civilisation : ecological disruption, chronic insatisfaction of the basic needs of a large part of humanity and degrading physical and mental health in industrialised countries. We must address the crisis's main cause : the pursuit of a development approach focused on economic growth and based on intensive, inefficient use of natural resources. This book is a call for humanity to look itself in the mirror, question its identity as a species and re-examine its place in this world.
(Coll. Biologie, écologie, agronomie, 24.00 euros, 226 p.)
ISBN : 978-2-343-11772-0, ISBN EBOOK : 978-2-14-003354-4

LA GESTION DE L'INTÉGRATION DES ENTREPRISES PAR LA PRÉSERVATION DES ÉCOSYSTÈMES NATURELS
Déterminants et modèle de croissance verte
Mulenda Lomena Emamba Daniel
Préface de Martin Fortuné Mukendji Mbandakulu
Depuis plusieurs décennies, le sort de l'homme et des écosystèmes a toujours été déterminé en fonction des indicateurs économico-financiers, dont le PIB. Cette vision des choses s'est avérée injuste et prédatrice. Dès lors, comment parvenir au changement du modèle et des indicateurs de mesure du bonheur, particulièrement dans un contexte de dualisme économique ? Quels sont les déterminants de la gestion éco-économique et les composantes du modèle de croissance verte ? Le présent ouvrage répond à ces deux préoccupations.
(Coll. Études africaines, 24.50 euros, 232 p.)
ISBN : 978-2-343-10756-1, ISBN EBOOK : 978-2-14-003431-2

ÉCOLOGIE INTÉGRALE
Godron Michel - Préface de Patrice Obert
Comment faire face à la croissance démographique, augmenter la production agricole, économiser l'énergie et l'eau, maîtriser le changement climatique, assurer la transition énergétique, maintenir la biodiversité, trouver un nouvel équilibre économique et social ? En plus d'être techniques, biologiques ou économiques, les innovations nécessaires doivent prendre en compte l'esthétique, l'éthique et la spiritualité, présentes en chacun de nous.
(14.50 euros, 126 p.)
ISBN : 978-2-343-10640-3, ISBN EBOOK : 978-2-14-003154-0

LE DÉVERSEMENT ACCIDENTEL DES HYDROCARBURES EN MER
dans le droit de la CEMAC
Nyoth Hiol Michel - Préface d'Emmanuel D.Kam Yogo
La pollution marine (déchets toxiques et hydrocarbures) détruit l'écosystème, en privant les individus de l'exploitation des ressources halieutiques. Pour limiter ces catastrophes, la communauté internationale multiplie les actions pour protéger l'environnement marin. Suivant cet élan de solidarité internationale, la Communauté économique et monétaire de l'Afrique centrale (CEMAC) a pris des mesures pour lutter contre la pollution marine. De ce fait, existe-t-il un droit CEMAC de protection de l'environnement marin ?
(17.50 euros, 154 p.)
ISBN : 978-2-343-10032-6, ISBN EBOOK : 978-2-14-003132-8

LES TEMPÉRATURES ET L'EFFET DE SERRE
Essai sur l'histoire et l'avenir du climat
Giret Alain
L'atmosphère régule les températures terrestres par effet de serre, mais la Terre a toujours connu des canicules et des glaciations. Depuis 1 000 ans, une période chaude (vers l'An Mil) précéda le Petit Âge Glaciaire (1550-1850). Depuis 1970 ans, la Terre s'est fortement réchauffée. Pourquoi ? Les uns accusent le rejet massif de gaz à effets de serre, d'autres évoquent une suite de processus naturels. La science paraît dépassée par les passions pour faire la part entre nature et anthropisation.
(Coll. Acteurs de la Science, 21.00 euros, 192 p.)
ISBN : 978-2-343-11448-4, ISBN EBOOK : 978-2-14-003314-8

CHANGEMENT CLIMATIQUE
Histoire et enjeux
Merle Jacques, Voituriez Bruno, Dandonneau Yves
Les sciences de la Terre ont connu, ces dernières décennies, une mutation historique avec la prise de conscience du changement climatique. Les auteurs de cet ouvrage, chercheurs océanographes depuis les années 60, ont été les témoins et les acteurs d'une aventure scientifique sans précédent rassemblant des milliers de chercheurs. Ils racontent ici l'évolution des idées, l'avancée des connaissances et les événements sociopolitiques qui se sont entrecroisés pour arriver à la perception actuelle que l'humanité a du changement climatique en cours.
(36.00 euros, 352 p.)
ISBN : 978-2-343-09137-2, ISBN EBOOK : 978-2-14-001551-9

LES ANGOISSES D'UN VIEUX PLATANE EN QUÊTE DE POSTÉRITÉ
Déambulation littéraire botanique
Joseph Claude
Un vieux platane réellement installé depuis près de deux siècles au Jardin des Plantes de Paris et étrangement doté de la parole s'inquiète : il n'a pas encore donné naissance à une descendance qui lui soit parfaitement semblable. Après maints déboires et difficultés, un spécialiste du processus de multiplication parvient à réussir son bouturage. Ce succès ne calme pas pour autant les cogitations de l'arbre, bien au contraire ! À la suite d'innombrables interrogations traduisant ses anxiétés, il se penche sur les images, parfois troublantes, que donnent les arbres, et sur les métaphores qu'ils inspirent à l'homme.
(22.00 euros, 256 p.)
ISBN : 978-2-343-09807-4, ISBN EBOOK : 978-2-14-001604-2

GARDE-FAUNE EN FRANCE
Une carrière au service de la Nature
Marandon Jean-Luc
Policier de la nature à l'Office National de la Chasse et de la Faune Sauvage, l'auteur nous parle des pratiques de la chasse, des atteintes à la vie sauvage, mais aussi de la mise en place d'outils de conservation des habitats remarquables ou des espèces protégées. Méconnu du grand public, le métier de garde-faune occupe pourtant une place essentielle dans le domaine de la protection de la Nature. Un témoignage nécessaire.
(Coll. Rue des écoles, 24.00 euros, 290 p.)
ISBN : 978-2-343-08914-0, ISBN EBOOK : 978-2-14-001505-2

MÉDITATIONS D'UN CHASSEUR ÉCOLOGISTE
Bachasson Bernard
Si l'homme a d'abord chassé pour se nourrir, il n'a aujourd'hui plus de nécessité à le faire. Toutefois, l'activité cynégétique se poursuit. Mais depuis quelques décades, l'impact croissant de l'homme a provoqué une telle dégradation des milieux naturels et des populations d'animaux sauvages que beaucoup de nos concitoyens ont du mal à comprendre et accepter les prélèvements de gibiers par la chasse. La question de la prédation mérite donc d'être analysée, expliquée et discutée. En s'appuyant sur son expérience de chasseur-écologiste, l'auteur propose quelques

pistes à tous ceux qui tentent de concilier l'inévitable rôle de prédation avec le maintien de notre précieux patrimoine faunistique.
(25.50 euros, 242 p.)
ISBN : 978-2-343-09458-8, ISBN EBOOK : 978-2-14-001514-4

LES DÉCHETS MIS EN MOTS
Sous la direction de Cécile Desoutter et Enrica Galazzi
Des chercheuses et chercheurs proposent ici une réflexion sur la notion de «déchet». L'analyse des mots et des termes, de leurs paradigmes et collocations apporte un éclairage inédit sur des pratiques, des techniques et des concepts nouveaux liés aux déchets. L'analyse du discours offre des pistes originales pour prendre en compte la parole de nombreux acteurs dont les intérêts, les connaissances technicoscientifiques et les finalités ne sont pas toujours concordants.
(Coll. Langue et parole - Recherches en Sciences du Langage, 25.50 euros, 242 p.)
ISBN : 978-2-343-11181-0, ISBN EBOOK : 978-2-14-003190-8

UN EXEMPLE DE COOPÉRATION NORD-SUD
Margny-lès-Compiègne et Méhanna (France-Niger)
Hellal Dany - Préface de Jacques Arrignon
Par ce témoignage, l'auteur a souhaité évoquer les jalons d'un échange Nord-Sud, qui pourrait être l'histoire de n'importe quelle commune autre que Margny ou Méhanna, afin de donner à de nouvelles générations l'envie d'entreprendre des échanges et des projets à taille humaine, dans un monde où tout semble difficile. La coopération décentralisée permet de s'enrichir les uns les autres par les différents savoir-faire et fait ici découvrir un continent ou «solidarité» et «sens du bonheur» ont toute leur authenticité.
(10.50 euros, 70 p.)
ISBN : 978-2-343-03967-1, ISBN EBOOK : 978-2-336-36065-2

LE NOUVEAU MANUEL DE GESTION
des associations et ONG de développement (CD inclus)
Vincent Fernand
Ce manuel est un outil de travail et de gestion pour les dirigeants d'ONG/OP des pays du Sud. Il est composé d'un manuel de 320 pages et d'un CD permettant d'accéder à 200 outils de gestion et d'organisation d'ONG/OP ainsi qu'aux textes complets des cinq premiers manuels de gestion de l'auteur. Une mine d'exemples qui vous permettront d'améliorer la gestion, le développement et l'autonomie financière de votre organisation.
(35.00 euros, 316 p., Illustré en noir et blanc)
ISBN : 978-2-343-05489-6, ISBN EBOOK : 978-2-336-37297-6

THÉORIE DU STOCK FROID
Développer rapidement les pays pauvres
Ducrocq François
Les pertes colossales en récoltes, parfois jusqu'à la moitié de ce qu'un paysan peut retirer de la terre, constituent le frein économique majeur pour les pays en développement. Cet ouvrage propose une approche nouvelle du stockage de produits alimentaires frais dans la théorie microéconomique, laquelle perçoit traditionnellement le stock comme un résidu. Tout au contraire, le stock a un impact déterminant dans l'accumulation primitive du capital des pays les plus pauvres.
(Coll. Rue des écoles, série Essais, 26.00 euros, 250 p.)
ISBN : 978-2-343-04660-0, ISBN EBOOK : 978-2-336-37278-5

Structures éditoriales du groupe L'Harmattan

L'Harmattan Italie
Via degli Artisti, 15
10124 Torino
harmattan.italia@gmail.com

L'Harmattan Hongrie
Kossuth l. u. 14-16.
1053 Budapest
harmattan@harmattan.hu

L'Harmattan Sénégal
10 VDN en face Mermoz
BP 45034 Dakar-Fann
senharmattan@gmail.com

L'Harmattan Cameroun
TSINGA/FECAFOOT
BP 11486 Yaoundé
inkoukam@gmail.com

L'Harmattan Burkina Faso
Achille Somé – tengnule@hotmail.fr

L'Harmattan Guinée
Almamya, rue KA 028 OKB Agency
BP 3470 Conakry
harmattanguinee@yahoo.fr

L'Harmattan RDC
185, avenue Nyangwe
Commune de Lingwala – Kinshasa
matangilamusadila@yahoo.fr

L'Harmattan Congo
67, boulevard Denis-Sassou-N'Guesso
BP 2874 Brazzaville
harmattan.congo@yahoo.fr

L'Harmattan Mali
Sirakoro-Meguetana V31
Bamako
syllaka@yahoo.fr

L'Harmattan Togo
Djidjole – Lomé
Maison Amela
face EPP BATOME
ddamela@aol.com

L'Harmattan Côte d'Ivoire
Résidence Karl – Cité des Arts
Abidjan-Cocody
03 BP 1588 Abidjan
espace_harmattan.ci@hotmail.fr

L'Harmattan Algérie
22, rue Moulay-Mohamed
31000 Oran
info2@harmattan-algerie.com

L'Harmattan Maroc
5, rue Ferrane-Kouicha, Talaâ-Elkbira
Chrableyine, Fès-Médine
30000 Fès
harmattan.maroc@gmail.com

Nos librairies en France

Librairie internationale
16, rue des Écoles – 75005 Paris
librairie.internationale@harmattan.fr
01 40 46 79 11
www.librairieharmattan.com

Librairie l'Espace Harmattan
21 bis, rue des Écoles – 75005 Paris
librairie.espace@harmattan.fr
01 43 29 49 42

Lib. sciences humaines & histoire
21, rue des Écoles – 75005 Paris
librairie.sh@harmattan.fr
01 46 34 13 71
www.librairieharmattansh.com

Lib. Méditerranée & Moyen-Orient
7, rue des Carmes – 75005 Paris
librairie.mediterranee@harmattan.fr
01 43 29 71 15

Librairie Le Lucernaire
53, rue Notre-Dame-des-Champs – 75006 Paris
librairie@lucernaire.fr
01 42 22 67 13

www.ingramcontent.com/pod-product-compliance
Lightning Source LLC
LaVergne TN
LVHW011039061026
849535LV00006B/2084
* 9 7 8 2 3 4 3 1 4 3 2 7 9 *